# Hesse/Schrader

# Die perfekte Bewerbungsmappe

Die 50 besten Beispiele erfolgreicher Kandidaten

mit CD-ROM

eichborn berufsstrategie

### Liebe Leserin, lieber Leser,

Mit diesem Buch erhalten Sie auch eine CD-ROM. Um auf die Inhalte zugreifen zu können, müssen Sie vor dem erstmaligen Gebrauch folgenden Code eingeben:

B2948X

### Auf der CD-ROM

- ▶ 10 ausführliche Kapitel mit umfangreicher Anleitung für das erfolgreiche Bewerbungsverfahren
- ▶ 15 Videos mit persönlichen Tipps von Hesse/Schrader
- ▶ 15 Audiobeispiele zur Vorbereitung auf das Vorstellungsgespräch
- ▶ 50 Mustervorlagen als Grundlage für die eigene Bewerbung
- ▶ Übungen zur Vorbereitung der optimalen Selbstpräsentation
- ▶ Tests zum Ermitteln der eigenen Stärken

**Die Autoren**

**Jürgen Hesse,** geboren 1951, geschäftsführender Diplom-Psychologe im Büro für Berufsstrategie, Berlin.
**Hans Christian Schrader,** geboren 1952, Diplom-Psychologe in Berlin.

**Anschrift der Autoren**

Hesse/Schrader
Büro für Berufsstrategie
Oranienburger Straße 4–5
10178 Berlin
Tel. 030 288857-0
Fax 030 288857-36
www.berufsstrategie.de

Verlag und Autoren bedanken sich bei den auf den Bewerberfotos abgebildeten Personen und bei den Fotografen (Regine Peter, Tel.: 030 8553425, und Antonius, Tel.: 030 7855078).

1. Auflage 2010

© Eichborn AG, Frankfurt am Main, Januar 2010
Umschlaggestaltung: Christina Hucke
Innengestaltung: Oliver Schmitt, Mainz
Gesamtproduktion: Fuldaer Verlagsanstalt, Fulda
ISBN 978-3-8218-5998-9

Eichborn Verlag, Kaiserstraße 66, D-60329 Frankfurt/Main.
Mehr Informationen zu Büchern und Hörbüchern aus dem Eichborn Verlag finden Sie unter www.eichborn.de

# Inhalt

## 11 Lektionen

# Perfekte Bewerbungsunterlagen

Herzlich willkommen in diesem Lese- oder besser »Schau«-Buch, das Sie anregen und ermutigen soll, eigene kreative Gestaltungswege bei der Bewerbung zu gehen. Im Buch und auf der beigelegten CD-ROM finden Sie 50 Beispiele für überzeugende Bewerbungsunterlagen. Sie können also auf das Vielfältigste von den Ideen und den hier aufgezeigten Darstellungsmöglichkeiten profitieren und diese Anregungen für die Gestaltung Ihrer eigenen Bewerbungsmappe nutzbar machen.

Ihre Bewerbungsunterlagen entscheiden darüber, ob auf der Unternehmensseite, also beim Anbieter des Arbeitsplatzes, weitergehendes Interesse an Ihrer Bewerbung und damit an Ihrer Person entsteht. Im Erfolgsfall bedeutet das eine Einladung zum Vorstellungsgespräch. Es lohnt sich also, sich ein bisschen mehr einfallen zu lassen. Hier im Buch und auf der CD-ROM sehen Sie viele wunderbar erfolgreiche Vorbilder. Und wie erfolgreiche Kandidaten (mit einem Jahreseinkommen ab 30.000 Euro, z.T. auch deutlich über 50.000 Euro) sich mit ihren schriftlichen Unterlagen präsentiert haben, ist nicht nur spannend wie ein Krimi, sondern auch außerordentlich lehrreich und nützlich.

»Hätte ich mir diese Bewerbungsunterlagen – Anschreiben, Lebenslauf, Anlagen und weitere wichtige Korrespondenz – doch bloß schon früher ansehen können«, wird so mancher leidgeprüfte Leser denken.

Auf den folgenden Seiten sehen Sie komplette Unterlagen von 22 Bewerbern – natürlich ohne die typischen Arbeits- und Ausbildungszeugnisse. Zwar entspricht das Buch beinahe dem Original-Din-A4-Format Ihrer Bewerbungsunterlagen, jedoch kann die Papierauswahl (Art und Farbe) und das gewählte Deckblatt und Bindesystem hier leider nicht vermittelt werden. Wir möchten aber zumindest darauf hinweisen, dass auch der haptische Eindruck, das Gefühl beim Anfassen, ein ganz wesentliches Qualitätsmerkmal einer erfolgreichen Bewerbungsmappe darstellt.

Die Ihnen im Buch und auf der CD-ROM gezeigten Bewerbungen sind in unserem Berliner *Büro für Berufsstrategie* entstanden. Die auf den Fotos abgebildeten Personen sind nicht mit den Bewerbern identisch. Auch wurden alle Namen, Daten und anderen Fakten so verändert, dass Ähnlichkeiten mit real existierenden Personen nur noch rein zufällig wären. Dennoch handelt es sich hier um realistische und erfolgreiche Beispiele, die ihre Absender beruflich vorangebracht haben. In den Beispielen steckt enorm viel kreatives Potenzial, das Sie auch für Ihre Bewerbung nutzen können.

Nach jeder Unterlagen-Präsentation finden Sie unseren ausführlichen Kommentar, der sich mit den Pluspunkten, gelegentlich aber auch noch verbesserungswürdigen Details auseinandersetzt. Bekanntlich gibt es ja nichts, was sich nicht noch verbessern ließe ...

Das Buch wird ergänzt durch die CD-ROM: Dort finden Sie viele für Sie sehr wichtige Infos rund um Ihr Bewerbungsvorhaben. Sie erfahren, wie Sie (fast) perfekte Unterlagen mit einer überzeugenden Botschaft verfassen. Und Sie sehen weitere Beispiele erfolgreicher Bewerbungsmappen. Selbstverständlich können Sie alle Beispiele direkt bearbeiten und mit Ihren eigenen Daten überschreiben und nutzen.

Und jetzt wünschen wir Ihnen für Ihr Vorhaben gutes Gelingen!

BIRGIT MÜLLER
HASENSPRUNG 1A
14194 BERLIN (WILMERSDORF)
TELEFON: 0 30 / 8 12 82 70

ABC Maschinen GmbH
Personalabteilung
Herrn Kaiser
Wrangelstr. 28
10997 Berlin

02.02.10

**Ihre Anzeige in der Berliner Morgenpost vom 30.01.2010**
**Sachbearbeiterin**

Sehr geehrte Damen und Herren!

Hiermit beziehe ich mich auf die o. g. Stellenanzeige und übersende Ihnen meine Bewerbungsunterlagen. Ich glaube, dass ich gut Ihr Team mit meiner Person bereichern werde und möchte gerne für Sie arbeiten.

Ich denke an eine Position mit beruflicher Verantwortung, in der ich meine Kenntnisse voll nutzen und weitere Erfahrungen sammeln kann.

Ich bin ausgebildete Industriekauffrau und habe mich im Bereich Informationsmanagement weitergebildet. Langjährige umfassende Erfahrungen in Büro-Administration und selbstständiger Sachbearbeitung in der Chemiebranche ergänzen mein Profil.

Zurzeit bin ich in einer vom Arbeitsamt geförderten EDV-Fortbildungsmaßnahme. Deshalb könnte ich Ihnen sehr kurzfristig zur Verfügung stehen. Weitere Details zu meinem Werdegang und meiner Person können Sie auch den beigefügten Unterlagen entnehmen.

In einem persönlichen Gespräch würde ich Sie gern davon überzeugen, dass ich vielseitig und aktiv tätig sein kann, um Ihr Unternehmen mit meiner Person zu bereichern.
Ich verbleibe

Hochachtungsvoll

*Birgit Müller*

Birgit Müller

PS: Ab der letzten Februar-Woche bin ich für 10 Tage verreist, höre aber regelmäßig meinen Anrufbeantworter ab, sodass mich Ihre Nachricht sicherlich erreichen wird.

Anlagen

# Lebenslauf

Persönliche Daten:

| | |
|---|---|
| Name | Birgit Müller |
| Anschrift | Hasensprung 1 A |
| | 14194 Berlin (Wilmersdorf) |
| | Tel. 0 30 / 8 12 82 70 |
| Geburtsdatum | 27.09.1966 |
| Familienstand | ledig, keine Kinder |

Schulbildung

| | |
|---|---|
| 1976 – 1986 | Haupt- und Handelsschule Hamburg |
| 1986 – 1990 | Ausbildung zur Industriekauffrau Hamburg |
| 1991 – 1994 | Staatliches Abendgymnasium Hamburg |
| | Abschluss: Abitur |

Beruflicher Werdegang

| | |
|---|---|
| 1990 – 1994 | Industriekauffrau Hamburg |
| 10/1994 – 06/1999 | Chefsekretärin |
| | Chemie AG München |
| 07/1999 – 03/2008 | Informationsmanagement |
| | Pharma Grün München |
| 04/2008 – 12/2009 | Informationsmanagement |
| | Altvater Chemie-Werke AG Berlin |

Weiterbildung

| | |
|---|---|
| 04/1999 – 03/2003 | Ausbildung als staatl. geprüften Dokumentarin |
| | Anerkennungsjahr |
| | Institut für Dokumentation München |

Berlin, den 01. Februar 2010

BIRGIT MÜLLER
HASENSPRUNG 1A
14194 BERLIN (WILMERSDORF)
TELEFON: 030 8128270

ABC Maschinen GmbH
Personalabteilung
Herrn Kaiser
Wrangelstr. 28
10997 Berlin

02.02.10

**Ihre Anzeige in der Berliner Morgenpost vom 30.01.2010**
**Sachbearbeiterin**

Sehr geehrter Herr Kaiser,

in Ihrer Anzeige beschreiben Sie einen Arbeitsbereich, der mich in höchstem Maße interessiert und auch meinen Fähigkeiten und Neigungen voll entspricht.

Kurz zu meiner Person:
Ich bin ausgebildete Industriekauffrau und habe mich im Bereich Informationsmanagement erfolgreich weitergebildet. Langjährige umfassende Erfahrungen in Büro-Administration und anspruchsvoller, selbstständiger Sachbearbeitung in der Chemiebranche ergänzen mein Tätigkeitsprofil.

Aktuell befinde ich mich in einer vom Arbeitsamt geförderten EDV-Fortbildungsmaßnahme und könnte Ihnen deshalb auch sehr kurzfristig zur Verfügung stehen.

Über eine Einladung zum Vorstellungsgespräch freue ich mich und verbleibe

mit freundlichem Gruß

*Birgit Müller*

Anlagen

# Bewerbungsunterlagen

BIRGIT MÜLLER

HASENSPRUNG 1A

14194 BERLIN (WILMERSDORF)

TELEFON: 030 8128270

Birgit Müller

* 27.09.1966 in Hamburg

ledig, keine Kinder


*Angestrebte Tätigkeit: Sachbearbeiterin*


## Berufserfahrung

| | |
|---|---|
| 04/2008 – 12/2009 | **Altvater Chemie-Werke AG**<br>**Berlin**<br>Position: Informationsmanagement<br>Literaturrecherchen, Datenbankarbeit, Öffentlichkeitsarbeit |
| 07/1999 – 03/2008 | **Pharma Grün**<br>**München**<br>Position: Informationsmanagement<br>Informationsplanung, Organisation, Fachkorrespondenz<br>Erstellung von Werbemitteln |
| 04/1999 – 03/2003 | **Institut für Dokumentation**<br>**München**<br>Ausbildung u. Anerkennungsjahr als staatl. geprüfte Dokumentarin<br>Schulung in Informationsmanagement, EDV u. Wirtschaftsenglisch |
| 10/1994 – 06/1999 | **Chemie AG**<br>**München**<br>Position: Chefsekretärin |
| 1990 – 1994 | **Industriekauffrau**<br>**Hamburg** |


## Schul- und Berufsausbildung

| | |
|---|---|
| 1991 – 1994 | **Staatliches Abendgymnasium**<br>**Hamburg**<br>Abschluss: Abitur |
| 1986 – 1990 | **Ausbildung zur Industriekauffrau**<br>**Hamburg** |
| 1976 – 1986 | **Haupt- und Handelsschule**<br>**Hamburg** |

## Sprachkenntnisse

sehr gute Englischkenntnisse in Wort und Schrift
gute Orthografie-, Interpunktions- und Grammatikkenntnisse
der deutschen Sprache
Korrespondenzerfahrung

## EDV-Erfahrung

Textverarbeitung mit Word
Tabellenkalkulation mit Excel

## Kurzschrift

gute Stenografiekenntnisse und schreibtechnische Fertigkeiten

## Führerschein

Klasse B

## Engagement

Mitglied im Naturwissenschaftlichen Verein Berlin

## Interessen

Wandern, Literatur des Bethel-Kreises

## Zu meiner Person

Mein Lebenslauf steht für kontinuierliche Weiterbildung, Leistungsbereitschaft und Lernfähigkeit. Das Abitur am Abendgymnasium und die Qualifizierung zur Dokumentarin belegen dies.

Ich verfüge über fundierte Erfahrungen in den Bereichen Organisation und Administration. Zu betonen sind meine guten Sprachkenntnisse und deren Anwendungssicherheit.

Die Arbeit hat in meinem Leben, da ich Single bin, einen besonderen Stellenwert, sodass Arbeitsaufgaben für mich eine wichtige Rolle spielen. Ich würde mich sehr gern mit vollem Engagement der von Ihnen beschriebenen Aufgabe widmen.

Berlin, 1. Februar 2010

*Birgit Müller*

# Zu den Unterlagen von Birgit Müller

## 1. Version

Wie schlicht dieses erste **Anschreiben** und der einseitige **Lebenslauf** sind, erschließt sich nicht erst, wenn man beide mit der 2. Version verglichen hat. Trotzdem: Die Anrede »Sehr geehrte Damen und Herren« ist ein schlimmer Fehler, insbesondere dann, wenn offensichtlich ein Ansprechpartner bekannt ist (Herr Kaiser). Aber auch die langweilige Standarderöffnung (»Hiermit bewerbe ich mich …«) ist nicht empfehlenswert.

»Ich glaube …«, »Ich denke …«, »Ich bin …« sind Satzanfänge, die in dieser Form ein weiteres Lesen kaum wahrscheinlich werden lassen. Die Stilblüte zum Abschluss (»… mit meiner Person bereichern«) wird nur noch durch das altmodische »Hochachtungsvoll« getoppt. Aber auch die maschinenschriftliche Wiederholung des Namens sowie das »PS« sind gute Beispiele, wie man es nicht machen sollte.

Der kurze, einseitige **Lebenslauf** mit dem viel zu kleinen **Foto** löst keine Neugier auf die Bewerberin aus. Die Form ist einfach zu schlicht, zu langweilig. Hinzu kommt die Frage, was die Kandidatin aktuell eigentlich macht. Auch die Formulierung »Berlin, den 01. Februar 2010« schreibt man so nicht mehr, und man vergisst auch nicht zu unterschreiben. Aber aus Fehlern lernen wir. Alles in allem: Der Misserfolg dieser Bewerbung ist garantiert.

## 2. Version

Ein angenehm kurzes **Anschreiben** verdeutlicht, dass die Bewerberin sich auf eine Anzeige meldet, ohne vorab telefoniert zu haben (leider!). Da sie der Anzeige aber den Namen entnehmen konnte, ist eine direkte Ansprache trotzdem möglich. Die Kandidatin stellt sich kurz vor und schließt selbstbewusst (ohne Konjunktiv) mit der Formulierung »über eine Einladung … freue ich mich.« Insgesamt ein gut und ansprechend gestaltetes Anschreiben, das bestimmt positive Aufmerksamkeit weckt. Ob die Bewerberin bereits hier mehr zu ihrem aktuellen Status (arbeitslos, aber in Fortbildung) hätte mitteilen sollen, kann kontrovers diskutiert werden. Die gewählte Präsentationsform löst bestimmt Interesse aus. Obwohl sich die Kandidatin

offensichtlich aus der Arbeitslosigkeit (bzw. Fortbildung) heraus bewirbt, hat sie eine interessante Vortragsform gefunden und umgeht auf den nachfolgenden Seiten dieses problematische Thema recht elegant.

Die grafische Gestaltung (**Deckblatt** – konsequente Fortsetzung des Briefkopfes) ist auf den folgenden Seiten sehr ansprechend gewählt, einfallsreich und gleichzeitig übersichtlich. Das fast quadratische Fotoformat ist ein echter »Hingucker«. Jetzt sehen wir mehr, und das **Foto** (mit Hintergrund Türrahmen) beschäftigt den Betrachter schon etwas länger. Die gezeigte Körperhaltung strahlt Kraft, Energie aus.

Beachten Sie auch, dass der Kopf ein wenig »angeschnitten« ist. Wir haben hier noch eine Alternative. Welche bevorzugen Sie?

**Alternativbild** zu den Bewerbungsunterlagen von Birgit Müller. Vergleichen Sie dazu die Bewerbungsfotos auf ▶ **Seite 6** und ▶ **Seite 8**.

Die für die **berufliche Entwicklung** gewählte knappe Präsentationsform kommt ohne die traditionelle Überschrift »Lebenslauf« aus (bravo!) und beinhaltet ein gutes Maß an Information. Die Themenabfolge »Beruf« (inklusive Weiterbildung!) – »Schule« – »Berufsausbildung« überzeugt sofort. Die besonderen Kenntnisse und Fähigkeiten werden vielleicht sogar »einen Tick« zu massiv dargestellt bzw. wiederholt. Die Abschnitte »Engagement« und »Interessen« führen sicherlich zu Nachfragen, und das unten angefügte Statement ist nicht nur außergewöhnlich, sondern auch ein guter Grund für eine Einladung. Natürlich fehlen hier im Buch aus Platzgründen das Anlagenverzeichnis sowie alle weiteren »Beilagen«.

### Einschätzung
Ein sehr gutes Auftaktbeispiel.

Alfred Berning

Musterstraße 94
55430 Oberwesel
Tel. 02 01 - 12 34 56

Kino-Center Hamburg GmbH
Herrn Mertens
Neue Straße 176
20148 Hamburg

11.3.2010

Ihre Anzeige im Hamburger Abendblatt: Betriebsleiter

Sehr geehrter Herr Mertens,

wie schön, dass Sie eine für mich so interessante Position zu besetzen haben. Mein bestehendes Arbeitsverhältnis ist befristet und läuft zum 30. September aus. Ich suche also zum 1. Oktober – bei Bedarf auch früher – ein neues spannendes Betätigungsfeld.

In der Vergangenheit habe ich viel mit Personal und Management in der Hotellerie und im Tourismus zu tun gehabt, ein sehr kommunikatives Arbeitsfeld, dem meine ganze Sympathie und große Begeisterung gehören. Ich fand es immer schon reizvoll, mit vielen Menschen nach außen und innen zu kommunizieren, um so eine Dienstleistung perfekt zu managen.

Hinzu kommt noch, dass Hamburg die Geburtsstadt meiner Frau und damit für uns absolute Favoritin in Deutschland ist. Ich suche deshalb ganz gezielt eine Stelle an Alster und Elbe. Und an dem Kino-Center Hamburg reizen mich besonders die vielfältigen Aufgaben eines solchen Unternehmens.

Wir sollten also miteinander sprechen. Für einen Vorstellungstermin stehe ich Ihnen gern jederzeit zur Verfügung. Rufen Sie mich einfach an oder schreiben Sie mir. Ich freue mich darauf!

Mit freundlichen Grüßen

Alfred Berning

# Bewerbung

| | |
|---|---|
| als | Betriebsleiter |
| | Kino-Center |

| | |
|---|---|
| Anlagen | Bewerbungsschreiben |
| | Persönliche Daten |
| | Tabellarischer Lebenslauf |
| | Zeugniskopien |

**Alfred Berning**
Musterstraße 94
55430 Oberwesel

☎ 02 01 - 12 34 56

# Persönliche Daten

| | |
|---|---|
| Name: | Alfred Berning |
| Anschrift/Tel.: | Musterstraße 94 |
| | 55430 Oberwesel |
| | ☎ 02 01 - 12 34 56 |
| Letzte Tätigkeit: | Kurdirektor |
| | Bad Wesel |
| Gehalt: | 39.000 Euro p.a. |
| einsatzbereit ab: | Oktober, evtl. früher |
| Geburtsdatum/-ort: | 11. Juli 1971/Marburg |
| Familienstand: | verheiratet |
| Schulabschluss: | Abitur |
| | US-High-School-Diplom |
| Berufsausbildung: | Meyer Hotel Berlin |
| | 2 Jahre Management-Training |
| Besondere Kenntnisse: | Ausbildereignungsprüfung |
| | PC mit gängiger Anwendersoftware |
| | Führerschein Kl. B |
| Fremdsprachen: | Englisch fließend in Wort und Schrift |
| | Französisch gut |

# Tabellarischer Lebenslauf

| Datum | | Praktische Tätigkeit | Sonstiges |
|---|---|---|---|
| von | bis | | |
| 1988 | 1989 | **Ein Schuljahr im Ausland**<br>Winter Haven, Florida / USA | US-High-School-Diplom |
| 1981 | 1991 | **Goethe-Gymnasium, Hamburg** | Abitur |
| 10.91 | 11.94 | **Meyer Hotel Berlin**<br>- 2 Jahre Management-Training<br>  Fernstudium „Educational Institute of<br>  the American Hotel & Motel<br>  Association" | Zertifikate: siehe Anhang |
| 12.93 | 02.94 | **Hotel Lancaster, Paris, Frankreich**<br>- im Rahmen der Berufsausbildung als<br>  Assistent der 1. Hausdame | |
| 12.94 | 04.97 | **Meyer Hotel, Davos, Schweiz**<br>- Finanzbuchhalter bis 10.92<br>- stv. Verwaltungsleiter ab 12.92 | Seminar „Führen durch Zielvereinbarungen" |
| 06.97 | 12.97 | **Meyer Hotels Verwaltungs-GmbH, Frankfurt**<br>Hauptabteilung Rechnungswesen<br>- Verwaltungsleiter-Trainee, Bereiche<br>  Lohnbuchhaltung und Personalwesen | |
| 01.98 | 03.99 | **Meyer Hotel, Augsburg**<br>- Verwaltungsleiter/kaufm. Leiter | EDV-Schulungen „Multiplan" und „Minervas" |
| 04.99 | 06.00 | **Weiter-Reisen, Hamburg**<br>- Verkaufsleiter; ein Jahr im Ausland | |
| 08.00 | 12.00 | **Zeitarbeit GmbH, Hamburg**<br>- Sachbearbeiter<br>  Röntgen Systeme GmbH, Hamburg | |
| 03.01 | 05.01 | **Röntgen Systeme GmbH, Hamburg**<br>- Sachbearbeiter Abt. Internationales<br>  Marketing Radiographie | |
| 08.01 | 10.01 | **Veranstaltungsmanagement GmbH, Berlin**<br>- Projektleiter | |
| 11.01 | 01.02 | **ohne Beschäftigung** | |
| 02.02 | 06.03 | **Pear Werbeagentur GmbH, Berlin**<br>- Assistent der Geschäftsführung | Ausbilderprüfung |
| 07.03 | | **Bad Wesel Kurzentrum**<br>- Kurdirektor<br>  (Leiter des Kurbetriebes) | |

Alfred  Berning  •  Musterstraße 94  •  55430  Oberwesel  •  Tel.  0201  123456

Kino-Center Hamburg GmbH
Herrn Mertens
Neue Straße 176
20148 Hamburg

Oberwesel, 11. März 2010

**Betriebsleiter Kino-Center Hamburg**
Ihre Anzeige im Hamburger Abendblatt vom 27./28. Februar 2010

Sehr geehrter Herr Mertens,

in einem Telefonat mit Ihrem Büro erfuhr ich heute, dass das Auswahlverfahren für die
zu besetzende Position noch nicht abgeschlossen ist. Sie beschreiben in Ihrer Anzeige
eine Herausforderung, die mich sehr interessiert.

Seit Jahren bin ich als Führungskraft mit Personal- und Budgetverantwortung in
Unternehmen der Hotellerie und Touristik tätig. Dabei konnte ich Kommunikationsstärke,
Teamfähigkeit und Organisationsgeschick beweisen. Überdurchschnittliche Flexibilität
und Einsatzbereitschaft runden mein Profil ab.

Ich strebe eine Führungsposition mit einem Anforderungsprofil an, das zu mir passt.
Als meine besonderen persönlichen und beruflichen Stärken empfinde ich:

• Erfahrung in der Führung und Motivation von Mitarbeitern,
• gutes Organisations- und Verhandlungsgeschick,
• Leistungsbereitschaft, Erfolgswille und Durchsetzungsfähigkeit.

Es würde mich freuen, wenn Sie mich nach Prüfung meiner Bewerbungsunterlagen
zu einem Vorstellungsgespräch einladen. Hier könnten wir weitere Details wie
Eintrittstermin und Gehaltsfragen besprechen.

Mit freundlichen Grüßen

Anlagen

Alfred Berning    •    Musterstraße 94    •    55430 Oberwesel    •    Tel. 0201 123456

↳ Überblick

# Bewerbung

**als**                    Betriebsleiter

**für**                    Kino-Center Hamburg GmbH
                       Herrn Mertens
                       Neue Straße 176
                       20148 Hamburg

**es folgen**              Überblick
                       Resümee
                       Werdegang
                       Anlagen

↳ Überblick

Alfred Berning • Musterstraße 94 • 55430 Oberwesel • Tel. 0201 123456

⬆ Resümee

# Überblick

**Personendaten**

| | |
|---|---|
| Alter | 38 Jahre |
| geboren am | 11. Juli 1971 in Marburg |
| Familienstand | Verheiratet, zwei Kinder |

**Werdegang**

| | |
|---|---|
| letzte Tätigkeit | Kurdirektor Bad Wesel |
| Berufsausbildung | Betriebsassistent Hotellerie |
| Schulabschluss | Abitur/US-High-School-Diplom |

**aktuelle Situation**

| | |
|---|---|
| Kurdirektor | Leitungsmanagement |

**Kenntnisse**

| | |
|---|---|
| Fremdsprachen | Englisch fließend |
| | Französisch gut |

Ausbilderprüfung
PC mit gängiger Software
Führerschein Klasse B

**Interessen**

Sport: Reiten, Jogging
Werbung und Gestaltung
Psychologie

**Gehaltswunsch**

um 45.000 Euro p.a.

⬆ Resümee

# Resümee

**Ich bin**     ein optimistischer Mensch mit ausgeprägtem
Selbstvertrauen und einem hohen Maß an Eigeninitiative.
Es ist meine Überzeugung,
dass alles wirklich Gewollte im Leben machbar ist.
Entscheidungen und Risiken gehe ich nicht aus dem Weg.
Auf Ehrlichkeit und Echtheit in Ausdruck und Verhalten
lege ich großen Wert.
Und noch etwas: Ich habe Humor.

**Ich kann**     mir Ziele selbst definieren und erreichen, viel leisten,
Stress positiv erleben, gut planen und organisieren
und mich voll und ganz engagieren.

**Ich habe**     Berufs- und Lebenserfahrung, ein gut entwickeltes Talent
für Kommunikation und den Umgang mit Menschen.
Dies macht mich erfolgreich.
Dabei habe ich mir die Fähigkeit zur Teamarbeit bewahrt.
Neben fachlicher Kompetenz waren für meinen
beruflichen Aufstieg vor allem Begeisterungsfähigkeit,
Lernbereitschaft und Flexibilität entscheidend.

**Ich will**     eine Leitungsaufgabe, die meine Kenntnisse fordert,
die Handlungsspielraum und Entwicklungschancen bietet,
eine Position, in der ich meine Führungsqualitäten
einsetzen und weiter ausbauen kann;
ein Unternehmen, mit dem ich mich identifiziere.

↳ Werdegang

# Werdegang

**Tourismus und Hotellerie**

seit 07.03

Bad Wesel Kurzentrum
- *Kurdirektor* (Leiter des Kurbetriebes)

04.99 – 06.00

Weiter-Reisen GmbH, Hamburg
- *Verkaufsleiter* (ein Jahr im Ausland)

10.91 – 03.99

Meyer International Hotelkonzern:
Meyer Hotel, Augsburg
- *Verwaltungsleiter*

Meyer Hotel Verwaltungs-GmbH, Frankfurt
Hauptabteilung Rechnungswesen
- *Trainee zum Verwaltungsleiter*

Meyer Hotel, Davos
- *stv. Verwaltungsleiter und Finanzbuchhalter*

Meyer Hotel, Berlin
- *Trainee zum Betriebsassistenten*
  Parallel: Fernstudium beim „Educational Institute
  of the American Hotel & Motel Association"

**neue Horizonte**

08.00 – 06.03

Veranstaltungen GmbH, Berlin
- *Projektmanagement*

Pear Werbeagentur GmbH, Berlin
- *Office Management, Werbung*

🖎 Werdegang

Alfred Berning  •  Musterstraße 94  •  55430 Oberwesel  •  Tel. 0201 123456

---

↳ Anlagen

**Qualifizierung**

| | |
|---|---|
| 04.03 | Ausbilderprüfung vor der IHK zu Bremen |

**andere Länder**

| | |
|---|---|
| 10.04 – 12.04 | Richmond, Virginia/USA<br>• *Erweiterung der Sprachkenntnisse* |
| 10.97 – 12.97 | Meyer Hotel Saanen-Gstaad<br>• *Unterstützung der Verwaltungsleitung* |
| 12.93 – 02.94 | Hotel Lancaster, Paris<br>• *Praktikum in Housekeeping* |
| 08.88 – 06.89 | Ein Schuljahr im Ausland, Winter Haven, Florida/USA<br>• *Abschluss der US-High-School mit Diplom* |

**Engagement**

| | |
|---|---|
| 11.00 – 02.05 | Management-Vereinigung e. V. Niedersachsen<br>• *Kassenführer im Bundesvorstand* |

**Schulbildung**

| | |
|---|---|
| 09.81 – 05.91 | Goethe-Gymnasium, Hamburg<br>• *Abitur* |

11. März 2010

*Alfred Berning*

---

↳ Anlagen

Alfred Berning   •   Musterstraße 94   •   55430 Oberwesel   •   Tel. 0201 123456

# Anlagen

**zum Werdegang**

Arbeitszwischenzeugnis Kurdirektor Bad Wesel

Weiter-Reisen GmbH, Hamburg

Meyer Hotel, Augsburg

Meyer Hotel, Frankfurt

Meyer Hotel, Davos

Meyer Hotel, Berlin

**zu Auslandsaufenthalten**

Hotel Lancaster, Paris

Diplom High School, USA

**zur Qualifizierung**

IHK Bremen, Ausbildereignungsprüfung

**zur Schulbildung**

Zeugnis Allgemeine Hochschulreife

🖑 Zeugniskopien

Alfred Berning  •  Musterstraße 94  •  55430 Oberwesel  •  Tel. 0201 123456

Kino-Center Hamburg GmbH
Herrn Mertens
Neue Straße 176
20148 Hamburg

25. März 2010

**Vorstellungsgespräch am Mittwoch, den 24. März 2010**
Meine Bewerbung als Leiter des Kino-Centers Hamburg

Sehr geehrter Herr Mertens,

vielen Dank für das ausführliche und informative Gespräch. Besonders die offene,
gute Gesprächsatmosphäre sowie Ihre Ausführungen über Unternehmensaktivitäten und
-ziele wusste ich zu schätzen.

Sehr gerne möchte ich als hauptverantwortlicher Leiter Ihres Hauses tätig werden und
mein ganzes Wissen und Engagement für die Optimierung Ihres Unternehmens einbringen.

Aus meiner Sicht sprechen für mich
• mein breites Spektrum an Organisationserfahrung,
• meine Mitarbeiter-Führungskompetenz,
• meine besondere Stressresistenz.

Bereits zum 1. Juli 2010 könnte ich Ihrem Unternehmen zur Verfügung stehen. Wenn Sie mir
– wie in Aussicht gestellt – bei der Wohnungsbeschaffung behilflich sind, sehe ich einem
erfolgversprechenden Start in der zweiten Jahreshälfte mit Freude entgegen.

Auf die Fortsetzung unseres Gespräches gespannt
grüße ich Sie herzlichst

*Alfred Berning*

# Zu den Unterlagen von Alfred Berning

## 1. Version

Mit einem elegant-schwungvollen Briefauftakt (»… wie schön …«) glaubt Herr Berning, im **Anschreiben** die Aufmerksamkeit des Lesers zu gewinnen. Bei allen Bemühungen – er irrt! Auch die Formulierung »spannendes Betätigungsfeld« könnte für Freudianer Anlass zu komplexen Rückschlüssen sein … Die beiden folgenden Absätze sind eher eine Aneinanderreihung von Stilblüten und Peinlichkeiten, auf die wir hier nicht näher eingehen wollen, obwohl der eine oder andere Leser vielleicht manche Formulierung als gar nicht so schlimm empfindet. »Wir sollten also miteinander sprechen« ist zu plump und anbiedernd. Zu guter Letzt sollte der Name nicht maschinenschriftlich unter der Unterschrift stehen.

Die **Deckblatt**-Gestaltung ist durchaus akzeptabel, das **Foto** sehr schlicht und unspektakulär, die folgende Seite mit den **persönlichen Daten** außergewöhnlich, wenngleich optisch nicht ausgereift. Am schlimmsten ist jedoch der sich anschließende tabellarische **Lebenslauf**, mit dem sich Herr Berning bestimmt viel Mühe gegeben hat. Leider hat auch hier seine kreativ-überschießende Art einen negativen Effekt. Trotz einer vermeintlichen Systematik wirkt diese Seite alles andere als lesefreundlich und präsentiert obendrein Herrn Berning als »Jobhopper« mit gelegentlicher Arbeitslosigkeit.

Außerdem fehlt bei dieser ersten Version eine **Anlagen**-Übersichtsseite.

Das Ergebnis: unbefriedigend. Auf über 80 Bewerbungen in dieser Form erfolgten nur zwei Einladungen!

In einer insgesamt 30 Stunden dauernden Veränderungsarbeit entstand mit Unterstützung der Fachleute aus dem *Büro für Berufsstrategie* in Berlin eine völlig neue Konzeption und Präsentation, die den Kandidaten in einem vollkommen anderen Licht erscheinen lässt. Aber urteilen Sie selbst …

## 2. Version

Mit einem gut gegliederten **Anschreiben** argumentiert der Bewerber überzeugend, warum man ihn einladen sollte. Der Abschlussabsatz hätte vielleicht etwas souveräner ausfallen können. Beispiele dafür geben die Briefe anderer Kandidaten in diesem Buch.

Das **Deckblatt** ist überraschend anders, recht kreativ und dabei spannend gestaltet (»es folgen …«). Interessant auch das **Fotoformat** und der sympathisch lächelnde Kandidat. Auf der nächsten Seite trifft man wieder auf eine gelungene, sinnvolle Überraschung, die schnell und übersichtlich über den Kandidaten informiert (bis hin zum Gehaltswunsch!). Die Fußzeile ermöglicht eine Vorschau auf die nächste Seite. Mit Spannung blättert der Leser weiter und ist bestimmt nicht schlecht bedient mit dem nun folgenden Resümee-Text.

Sowohl die beiden folgenden Seiten zum **Werdegang** als auch das übersichtliche **Anlagenverzeichnis** verstärken den bis dahin gewonnenen positiven Gesamteindruck. Man kann nicht allen gefallen wollen, doch diese hier vorgestellte Form findet garantiert ihre Wertschätzung. Damit erfüllt sie voll und ganz das Ziel und führt bestimmt zu der angestrebten Einladung zum Vorstellungsgespräch.

### Einschätzung

Eine wirklich angenehm beeindruckende Bewerbungsmappe, die kaum noch Wünsche offen lässt. Der Kontrast zur ersten Version könnte nicht größer sein. Weder vom »Jobhopping« noch von Arbeitslosigkeit ist jetzt noch die Rede. In der Realität führte diese Neukonzeption der Bewerbungsunterlagen in relativ kurzer Zeit zum gewünschten Ziel, einem neuen Arbeitsplatz (vier Aussendungen, drei Einladungen!).

Krönender Abschluss ist hier der sogenannte **Nachfassbrief** – eine wichtige Chance, nach dem Vorstellungsgespräch den positiven Eindruck noch zu verstärken.

**Hinweis:** Jetzt folgen nur noch gute Bewerbungsunterlagen. Wir zeigen Ihnen jeweils die überarbeitete Version.

GeoÖko-Wasserbau GmbH                                        St. Augustin, 10.01.2010
Herrn Lutz Lauterbach
Am Brunnenweg 75
56626 Andernach

**Bewerbung als Marketing- und Vertriebsmitarbeiterin**

Sehr geehrter Herr Lauterbach,

ich beziehe mich auf unser Telefonat vom 05. Januar und danke Ihnen für die informativen
Ausführungen zu Ihrer Unternehmensphilosophie. Wie besprochen schicke ich Ihnen heute
meine vollständigen Bewerbungsunterlagen.

Meine Erfahrungen aus meiner Berufspraxis decken sich mit Ihren fachlichen Anforderungen.
Ebenso können Sie von mir gute Fähigkeiten im Umgang mit Mitarbeitern sowie Kunden
erwarten, welche ich nicht zuletzt durch meine pädagogische Tätigkeit in meiner
langjährigen Ausbilderpraxis erworben habe.

Aufgrund meiner beruflichen Aktivitäten in unterschiedlichen Bereichen bin ich
kommunikationsstark, verantwortungsbewusst und habe große Freude an abwechslungs-
reichen Einsätzen. Umfangreiche Kenntnisse in Buchführung, Betriebswirtschaftslehre
und Personalwesen gehören ebenso zu meinem Profil wie fundiertes Wissen über
die Import-/Exportbestimmungen.

Nach dem erfolgreichen Abschluss meiner Weiterbildung Ende Januar fühle ich mich
umso mehr befähigt, meinen persönlichen Leistungsbeitrag zur europäischen Vertriebs-
politik in Ihrem Unternehmen beizusteuern.

In einem weiteren, persönlichen Gespräch möchte ich Ihnen gerne einen noch
umfassenderen Eindruck von mir vermitteln und freue mich auf Ihren Terminvorschlag.

Mit freundlichen Grüßen

Rosemarie Langner

Anlagen

# BEWERBUNGSUNTERLAGEN

als

**Marketing- und Vertriebsmitarbeiterin**

für

**Herrn Lutz Lauterbach**

von

**GeoÖko-Wasserbau GmbH**
Am Brunnenweg 75
56626 Andernach

# Lebenslauf

**zu meiner Person**

Rosemarie Langner
geboren am 6. Februar 1957 in St. Augustin
verheiratet / deutsch / evangelisch

**angestrebte Position**

Marketing- und Vertriebsmitarbeiterin

---

**beruflicher Werdegang**

05/2008 – heute

Auszeit für meine berufliche Fortbildung
im Marketing und Vertriebsbereich
- Direktmarketing/Kundenakquisition
- Produktmarketing/Vertrieb
- Europäische Vertriebsformen

07/1995 – 04/2008

Gustav Stark & Söhne
Deutsche Wasserbau GmbH, Mühlhausen

- Sekretärin
  für 4 Abteilungsleiter der technischen
  Geschäftsleitung

- Einkaufssachbearbeiterin
  für Magazinmaterialien, Drucksachen,
  Büromaterial

- Assistentin des Verkaufsleiters und
  Sachbearbeiterin Materialwirtschaft
  Schwerpunkt: Verkauf Wasserbau-Produkte

- Eigenverantwortliche Verkaufssachbearbeitung
  inkl. Abwicklung der Import-/Exportgeschäfte,
  Organisation der Fertigung und Auslieferung
  durch die 6 Mitarbeiter der Werkstatt,
  Mitarbeiterkoordination und Arbeitszeit-/
  Urlaubsplanung, Kundenbetreuung, Inventur-
  und Bestandsüberwachung, Materialdisposition
  für die Produktion

- Verkaufs-, Einkaufs- und Materialwirtschafts-
  Sachbearbeitung, zusätzliche selbstständige
  Beschaffung aller Materialien, die von diversen
  Bereichen der Bauabteilung benötigt wurden

| 04/1993 – 06/1995 | Oxigon Salur GmbH, Düsseldorf<br>Niederlassung eines weltweit operierenden<br>kanadisch-französischen Pharma-<br>industrieanlagenbauers |
|---|---|
| | • Assistentin des Geschäftsführers |
| 04/1988 – 03/1993 | Ferdinand Müller GmbH, Hattingen<br>Zentrale eines Lebensmittelfilialbetriebes |
| | • Schreibdienstleiterin<br>Personalverantwortung für 7 Mitarbeiterinnen,<br>Ausbildung von Bürogehilfinnen,<br>Unterricht in Maschinenschreiben und Stenografie |
| 04/1975 – 03/1988 | verschiedene Anstellungen in produzierenden<br>mittelständischen Unternehmen als Kontoristin und<br>kaufmännische Angestellte |

## schulische und berufliche Ausbildung

| 1972 – 1975 | kaufm. Ausbildung<br>Industriekauffrau mit IHK-Abschluss |
|---|---|
| 1972 – 1975 | Verbandsberufsschule Ennepe-Ruhr-Nord,<br>Hattingen |
| 1963 – 1972 | Volksschule/Realschule, St. Augustin<br>Private Handelsschule Andresen, Montabaur |

## Weiterbildung

| seit 05/2008 | Fortbildung zur Marketing-/Vertriebsassistentin<br>Abschluss 01/2010<br>Schwerpunkte: Direktmarketing/Kundenakquisition<br>Produktmarketing/Vertrieb<br>Europäische Vertriebsformen |
|---|---|
| 2003 | Weiterbildung Windows/Word/Excel |
| 2001 – 2003 | Weiterbildung Import-/Exportbestimmungen |
| 1991 | Lehrgang „Programmierte Textverarbeitung" |
| 1990 – 1991 | Fachlehrer-Studium „Maschinenschreiben" |
| 1976 – 1977 | Abschlussprüfung Stenografie und<br>Maschinenschreiben |

## Sonstiges

| | |
|---|---|
| Sprachen | Englisch in Wort und Schrift<br>Intensivkurs 09/2003 – 12/2006 |
| EDV | Windows XP und Vista, Word und Excel |
| Ausbildung | Ausbilder-Eignungsprüfung<br>für die Ausbildung in den kaufmännischen<br>Berufen Bürogehilfin und Industriekaufmann/-frau |
| Unterricht | als Dozentin beim Stenografenverein e.V.<br>Hattingen bis 2006 |
| Hobbys | Mitglied im Verein für angewandte deutsche Sprache.<br>Für den Verein verantworte ich die<br>Öffentlichkeitsarbeit und die Kassenprüfung.<br>Ich organisiere Lesungen und Gesprächsrunden<br><br>Lesen und Reisen |

**Beruflich ...**          **biete ich Ihnen meine Erfahrungen für**

- Aufgaben im Vertrieb, des Marketings und der Koordination von innerbetrieblichen Abläufen sowie zur marktgerechten Unternehmensdarstellung
- Voll- oder Teilzeitbeschäftigung
- freie oder feste Mitarbeit

Ich bin eine flexible und zuverlässige Mitarbeiterin. Durch meine lange Berufs- und Lebenserfahrung sowie Ausbilderbefähigung bin ich im Umgang mit Menschen diplomatisch und sicher. Ausdauernd und stets hoch motiviert erschließe ich mir neue Aufgabenstellungen, um sie im Sinne der vereinbarten Unternehmensziele erfolgreich zu lösen.

St. Augustin, 10. Januar 2010

*Rosemarie Langner*

Seite 4 von 5

# Zu den Unterlagen von Rosemarie Langner

Die schön gestaltete Briefkopf- und Fußzeile (**Anschreiben** und **Mappe**) wird hier konsequent bis zum Ende weitergeführt. Auch die Gesamtaufteilung und die Schriftstärke überzeugen; alles macht einen gepflegten, Appetit anregenden positiven Eindruck. Darüber hinaus vermittelt das **Foto** Sympathie für die Bewerberin. Die Kandidatin hatte vorher telefoniert, und wenn auch der erste Satz der Einleitung mit »ich …« beginnt (nicht jedermanns Geschmack), so sind doch die weiteren Sätze des Anschreibens sorgfältig und gut formuliert. Sie lösen Interesse aus.

Das **Deckblatt** mit interessantem **Foto** (quadratisch, leicht »angeschnitten«, sehr sympathisches Lächeln) ist funktional und ansprechend gestaltet. Jetzt will man mehr wissen und freut sich schon auf die nächsten Seiten und Informationen.

Ein interessanter Einstieg auf der ersten Seite und eine geschickte, gut übersichtliche Gliederung des beruflichen Werdegangs in amerikanischer Form (die aktuellen Infos zuerst) vermitteln einen positiven, kompetenten Eindruck von der Bewerberin. Die Darstellung der schulischen und beruflichen Ausbildung (hätte auch in der Überschrift andersherum getitelt sein können), die Weiterbildung und das Sonstige verstärken dies. Hier werden auch die Hobbys und Engagements benannt und verstärken das angenehme Gefühl, das aufgrund der letzten Angebots-Zeilen (»beruflich biete ich Ihnen …«) schnell zum Telefonhörer greifen lässt – für eine Einladung oder ein telefonisches Vorab-Interview.

Aus Platzgründen zeigen wir keine Anlagen wie Zeugnisse etc. und auch kein Anlagenverzeichnis. Sie würden aber den Abschluss bilden.

**Einschätzung**

Eine sehr ansprechende Bewerbung, die Erfolg haben muss!

| 1. Lektion | Worauf kommt es jetzt wirklich an? |
|---|---|

Auf diese Frage sind viele Antworten vorstellbar. Nach unserer Einschätzung ist das Wichtigste: die Einstellung des Bewerbers. Und dies im doppelten Wortsinne. Also die mentale Auseinandersetzung und Einstimmung auf Ihr Vorhaben, einen Arbeitsplatz zu erobern. Dabei spielt die gründliche Vorbereitung die alles entscheidende Hauptrolle.

**Je besser Sie sich vorbereiten, desto größer Ihre Chancen, den Bewerbungsmarathon in möglichst kurzer Zeit erfolgreich zu durchlaufen.**

Freibadweg 109
16341 Röntgenthal
Telefon: 07980 33667

City-Car GmbH
Herrn Andreas Düsenberg
Zepernicker Landstraße 56
16351 Bernau

Röntgenthal, 31.05.2010

Bewerbung Automobil-Verkäuferin

Sehr geehrter Herr Düsenberg,

mit diesem Schreiben möchte ich an unser informatives Telefonat vom 20.05.2010 anknüpfen und Ihnen meine Bewerbungsunterlagen einreichen.

Meine Liebe zum Auto, meine kontinuierliche Berufsentwicklung in dieser Branche und die daraus resultierende langjährige Erfahrung sind Anlass für diese Bewerbung, ebenso wie die Empfehlung von Herrn Feuerbach vom ADAC, der mir mitteilte, dass Sie eine vakante Verkäuferposition neu besetzen wollen. Aus meiner täglichen Praxis sind mir Planung, Durchführung und Analyse von Verkaufsmaßnahmen bestens vertraut.

Neben meiner kaufmännischen Ausbildung erwarb ich mir gute kommunikative und soziale Fähigkeiten.

Als Quereinsteigerin im Auto-Verkauf bringe ich durch meine kaufmännisch-technische Grundausbildung gute Voraussetzungen mit, um bestmögliche Ergebnisse zu erzielen. Darüber hinaus möchte ich gerne für Ihr Haus medienwirksame Promotion-Aktionen für bevorstehende Einführungen neuer PKW-Modelle organisieren.

Von meinem Können und meinen Qualifikationen werde ich Sie sicher in einem persönlichen Gespräch überzeugen, auf das ich mich sehr freue. Gern bin ich auch bereit, für einige Tage meine Fähigkeiten in Ihrem Haus unter Beweis zu stellen.

Mit freundlichen Grüßen

Fiona Siegel

Fiona Siegel
Freibadweg 109
16341 Röntgenthal
Telefon: 07980 33667

# Bewerbung

als

Automobil-Verkäuferin

City-Car GmbH, Bernau

von

Fiona Siegel
am 29.02.1974
in Zwickau geboren
nicht verheiratet
Kauffrau

Freibadweg 109
16341 Röntgenthal
Telefon: 07980 33667

Berufstätigkeit

| | |
|---|---|
| seit 01.10.2002 | Technische Angestellte/Gewährleistungssachbearbeiterin bei der Auto Allround Ersatzteil GmbH, Ludwigsfelde<br><br>• Abwicklung von Gewährleistungs- und Kulanzanträgen<br><br>• Systemunterstützte Antragsbearbeitung am Terminal<br><br>• Prüfung von Schadensteilen/Qualitätsanalyse<br><br>• Koordinierung von Rückrufaktionen verschiedener Hersteller<br><br>• Regressierung abgelehnter Gewährleistungsteile<br><br>• Kunden- und Lieferanten-Management |
| 01.10.2000 – 30.09.2001 | Familienpause |
| 01.01.1997 – 30.09.2000 | Kaufmännische Mitarbeiterin beim ADAC Berlin-Brandenburg<br><br>• Mitgliederbetreuung<br><br>• Koordination Zusammenarbeit mit DEKRA und TÜV<br><br>• Messestandbetreuung<br><br>• Unterstützung der Organisation von Messeauftritten, Ralleys und dem ADAC-Jahresball in Berlin |
| 01.09.1993 – 31.12.1996 | Industriekauffrau für Maschinenbau Müller-Metallhandel GmbH, Berlin<br><br>• Bestellung von Maschinenbauteilen aus Stahl und Kunststoff<br><br>• Fakturierung und Auslieferung an Kunden<br><br>• Bestandspflege und Kunden-Neuakquisition |

Freibadweg 109
16341 Röntgenthal
Telefon: 07980 33667

## Bildung und Schule

| | |
|---|---|
| 2005 | Fortbildung Vertrieb und Marketing<br>Marketingakademie Teltow |
| 2003 | Fortbildung im Qualitätsmanagement<br>DEKRA Berlin |
| 1993 | Übersiedlung nach Berlin (West) |
| 1990–1993 | Ausbildung mit Abitur zur Industriekauffrau<br>in Zwickau |
| 1980–1990 | POS Zwickau – Abschluss Mittlere Reife |

## Kenntnisse / Erfahrungen / Interessen

anwenderbereite Kenntnisse gängiger Software unter Windows XP

sehr gute Kenntnisse des Ersatzteilangebotes für PKW und
Nutzfahrzeuge, besonders der Marken VW, BMW und Fiat

sehr gute Englischkenntnisse in Wort und Schrift

Akquisitionserfahrungen

Mitglied im Oldtimer-Club Ludwigsfelde, Veranstaltungsorganisation

Führerschein PKW und LKW

Personenbeförderungsschein

begeisterte Oldtimer-Rallye-Fahrerin

Röntgenthal, 31.05.2010

*Fiona Siegel*

# Zu den Unterlagen von Fiona Siegel

Ein außergewöhnlicher Briefkopf vermittelt in Zusammenhang mit einer farblichen Gestaltungsvariante (die Linienführung ist rot, was Sie hier leider nicht sehen, sich aber sicherlich vorstellen können) einen guten Auftritt. Man spürt geradezu, wie sich die Kandidatin engagiert hat. Eine gelungene erste Arbeitsprobe, die inhaltlich mit dem **Anschreiben-Text** korrespondiert. Ihre Liebe zum Arbeitsobjekt wirkt glaubhaft. Anknüpfungspunkt ist ein Telefonat, das elf Tage zuvor stattfand. Eine zu lange Zeitspanne, dennoch wird diese Schriftform den Leser der Bewerbungsunterlagen freundlich stimmen. Das Angebot, seine Fähigkeiten unter Beweis zu stellen, könnte aufkommende Leistungszweifel wegen der langen Zeit zwischen dem Telefonat und der schriftlichen Bewerbung vollends ausräumen.

Das **Deckblatt** ist im gleichen Design gut und bereits informativ aufgebaut. Ein idealer Platz für das Bewerbungsfoto, wenn auch dessen Präsentation auf der nächsten Seite den die Spannung steigernden Umblättereffekt haben könnte. Das **Foto** (im Format etwas zu schmal) zeigt eine sympathisch lachende Kandidatin. So viel Kraft kann ein Foto haben.

Der **Lebenslauf** – er kommt ohne die typische Überschrift aus – besteht aus nur zwei Seiten und dokumentiert auf der ersten Seite angemessen untergliedert die Berufstätigkeit und die Aufgabenbereiche bei den drei letzten Arbeitgebern. In dieser Abfolge finden wir auch einen schlichten Hinweis auf eine Fami-lienpause. Der aufmerksame Leser erinnert sich, dass Frau Siegel bei ihren persönlichen Daten »nicht verheiratet« angegeben und auch keine Kinder erwähnt hat. Warum auch? Diese Form ist doch überzeugend und völlig ausreichend. Auf der zweiten Lebenslaufseite wird unter der Rubrik Bildung und Schule auch der Umzug nach Berlin abgehandelt. Nicht schlecht! Die sich anschließenden Kenntnisse/Erfahrungen/Interessen nützt die Kandidatin sehr geschickt, um einen weiteren Persönlichkeits- und Kompetenzauftritt zu kreieren. Verbesserungswürdig wäre u. U. die Überschriftengestaltung auf diesen beiden Blättern. Die drei Rubrikentitel (Berufstätigkeit, Bildung, Kenntnisse) würden in Fettschrift (evtl. auch ein bis zwei Punkte größer) das Gesamtbild noch besser aussehen lassen.

Was Sie hier nicht sehen, aber doch bei dem bisher gezeigten Engagement der Bewerberin voraussetzen dürfen, ist eine »Dritte Seite« und eine Anlagenübersicht. Sie runden die Bewerbungspräsentation ideal ab.

### Einschätzung

Eine außergewöhnliche Bewerbung, die in ihrem Design (dazu noch unterstützt durch eine zweite Farbe) der Bewerberin die gewünschte Einladung gebracht hat. Mehr war auch nicht notwendig, denn sie führte direkt zum neuen Job.

# andrea grün
stresemannstr. 27   10963 berlin   030 2812222

---

Andrea Grün, Stresemannstr. 27, 10963 Berlin

Herrn
Dr. Bruno Mayer
Mayer Marketing GmbH
Berliner Platz 3–7
34119 Kassel                                      Berlin, 10. Juni 2010

**Bewerbungsunterlagen**

Sehr geehrter Herr Dr. Mayer,

auf Empfehlung von Herrn Heinrich wende ich mich direkt an Sie
und überreiche Ihnen meine Bewerbungsunterlagen.

Aus persönlichen Gründen strebe ich eine Tätigkeit im Raum Kassel an.

Meine Arbeits- und Fähigkeitsschwerpunkte liegen auf den Gebieten
EDV, Marketing und Organisation.

Über die Gelegenheit zu einem persönlichen Gespräch würde ich mich sehr freuen.

Mit freundlichen Grüßen

Andrea Grün

Anlagen

# Bewerbungsunterlagen

**für Herrn Dr. Bruno Mayer**
**Mayer Marketing GmbH**

von Andrea Grün, EDV-Fachfrau
Stresemannstraße 27, 10963 Berlin
Tel.: 030 2812222
E-Mail: agrün@alpha.de

geboren am 16. Oktober 1970
in Zürich

schweizerische Staatsangehörigkeit

ledig, ortsunabhängig

**Andrea Grün, 39 Jahre alt**

**Ich biete Ihnen ...**

Problemlösungen in den Bereichen
EDV, Marketing und Organisation.
Mein Arbeitsstil ist geprägt durch
- schnelles Auffassungsvermögen;
- einen geübten Blick für das Wesentliche;
- ein hohes Maß an Selbstständigkeit, Disziplin
  und Eigenverantwortung;
- die Fähigkeit, schnell innovative Lösungen zu finden.


# Beruflicher Hintergrund

| | |
|---|---|
| seit Feb. 2005 | Telefonseelsorge Berlin e.V.<br>Spendenmarketing, Öffentlichkeitsarbeit und Organisation bei der Vorbereitung der Jubiläumsfeierlichkeiten; Aufrüstung der EDV-Anlage, Systemoptimierung und Schulung der Mitarbeiter |
| 2004 – 2005 | Fortbildung bei der Deutschen Kaufmännischen Akademie<br>Schwerpunkte Marketing und EDV |
| 2000 – 2002 | Berufsbegleitende EDV-Weiterbildung an der FU Berlin |
| 2000 – 2002 | Sachbearbeiterin mit EDV-Systembetreuung<br>beim Sanitätshaus Schlau. Einführung und Optimierung der EDV |
| 1998 | Umsiedlung nach Berlin<br>Mitarbeit in der Abteilung Reha beim Sanitätshaus Schlau |
| 1997 | Mitarbeit bei der Verlagsdruckerei Projekt 88 in Zürich<br>Organisation, EDV, Grafik, Satz und Fotografie<br>Leiterin der Bildredaktion bei der Zeitung „Nachricht" in Zürich |
| 1993 – 1996 | Geburt unserer Tochter Mailin und Unterbrechung der Berufstätigkeit für drei Jahre |
| 1991 – 1993 | Sachbearbeiterin bei einer Aral-Raststätte in Zürich |

## Schulbildung

| | |
|---|---|
| 1989 – 1991 | Zugangsprüfung zur technischen Fachhochschule<br>Abschluss (Abitur) als Industriekauffrau |
| 1986 – 1989 | Berufsbildende Fachoberschule,<br>Ausbildung zur technischen Zeichnerin |
| 1976 – 1986 | Grund- und Hauptschule in Zürich |

## Weiterbildung

| | |
|---|---|
| 2005 | Deutsche Kaufmännische Akademie Berlin:<br>„Kaufmännische Fachkraft mit Schwerpunkt Marketing, EDV,<br>allgemeine Betriebswirtschaftslehre mit Finanzbuchhaltung"<br>Abschlussnote 1,4 |
| 2002 | Weiterbildung an der Freien Universität Berlin<br>„EDV-Anwendung in der kaufmännischen Sachbearbeitung"<br>Abschlussprüfung bei der IHK Berlin: Abschlussnote 1,25 |

## Besondere Kenntnisse

| | |
|---|---|
| **EDV** | vertiefte Kenntnisse der Betriebssysteme Windows Vista Professional, XP<br>LAN- und DFÜ-Netzwerk unter Windows Vista Professional, XP<br>umfassende Kenntnisse des Betriebssystems Unix<br>alle gängigen Anwendungsprogramme: Winword, Excel, Access<br>vertiefte Erfahrungen im Einsatz von Freehand<br>bei der Herstellung von grafischen Erzeugnissen<br>Adobe Photoshop und QuarkXPress<br>Programmierumgebung Borland Turbo Pascal |
| **Fotografie** | berufliche Erfahrungen im Verlagswesen,<br>Reportage und Illustration<br>mehrere Ausstellungen von digital manipulierten Bildern |
| **Sprachen** | Englisch, Italienisch, Spanisch |
| **Hobbys** | Computer-Grafik, Bildbearbeitung, Fraktalgrafik,<br>Multimedia, Fotografieren und Bergwanderungen in den Alpen |
| **Beruflich ...** | **bin ich flexibel und offen für**<br>• projektbezogene oder globale Aufgaben,<br>• Voll- oder Teilzeit-Beschäftigung,<br>• freie oder feste Mitarbeit. |

Berlin, 10. Juni 2010

# Zu den Unterlagen von Andrea Grün

Hier handelt es sich um eine Initiativbewerbung, die sich im **Anschreiben** auf eine persönliche Empfehlung bezieht, die Bewerbungsmotive benennt und kurz und knapp auf den Punkt bringt, was die Kandidatin anzubieten hat – ein gelungenes Beispiel für einen prägnanten Auftakt. Die außergewöhnliche Briefkopfgestaltung (Kleinschreibung) fällt durchaus positiv auf, ist aber sicherlich Geschmackssache. Insgesamt eine gute Demonstration, dass sich das Anschreiben auf wenige Zeilen beschränken kann, wenn man weiß, was man vermitteln will, und wenn die folgenden Unterlagen entsprechend aufbereitet sind.

Das **Deckblatt** bietet bereits Informationen, die traditionell der Lebenslauf beinhaltet. Auch auf dieser Seite wäre ein Foto denkbar.

Die nun folgenden zwei Seiten – ohne die Titelung »Lebenslauf« – sind in der Dramaturgie äußerst interessant gestaltet und vermitteln wichtige Informationen auf höchst angenehme Weise. Besser kann man einen Überblick über den eigenen **Werdegang,** kombiniert mit wichtigen »Werbebotschaften« und konkreten Arbeitsangeboten, kaum gestalten. Die Geburt der Tochter und der Erziehungsurlaub sind gut platziert. Übrigens sollten Sie stets mit blauer Tinte unterschreiben, was aus drucktechnischen Gründen hier nicht dargestellt werden kann.

Das **Foto** vermittelt, obwohl eher klassisch, den Eindruck, dass die Kandidaten den Leser direkt anspricht. Das schafft Sympathie und Interesse. Auch die Fußzeile macht sich sehr gut. Das **Verzeichnis** der beigefügten Zeugnisse haben wir aus Platzgründen erneut weggelassen.

### Einschätzung

Ein sehr gelungenes Beispiel in Form eines überzeugenden Beweises für Eigeninitiative. Eine außergewöhnlich interessante Präsentationsform der eigenen »Werbebotschaft«.

Im Anschluss sehen Sie eine **Kurzbewerbung,** die auf den eben gezeigten Unterlagen basiert:

Ein etwas modifiziertes, ausführlicheres Anschreiben (die Hauptargumente kennen Sie aus den ausführlichen Bewerbungsunterlagen) und lediglich eine Seite als Anlage (durchaus mit der entsprechenden Überschrift »Kurzbewerbung«) stehen hier als Beispiel, wie die Bewerbung auch in einer kurzen Version sehr positiv wirken kann. Dabei sollten Sie nie auf ein sympathisches Foto verzichten. In dieser Kurzform ist der Versand in einem normalen DIN-A6-Umschlag völlig problemlos.

---

| 2. Lektion | Was ist bei Ihren schriftlichen Unterlagen besonders wichtig? |

Kurz geantwortet: dass Sie Ihre persönliche Botschaft (»Ich bin Ihr Problemlöser«) dem Empfänger überzeugend vermitteln. Denn in der Regel entscheiden Ihre schriftlichen Unterlagen, ob sich auf Arbeitgeber- und Auswählerseite Interesse an Ihrer Bewerbung entwickelt und man dadurch neugierig auf Ihre Person wird. In der Konsequenz verbindet sich das dann mit dem Wunsch, Sie persönlich kennenlernen zu wollen.

Wie wichtig eine Einladung zum Vorstellungsgespräch für Sie ist, brauchen wir wohl kaum weiter auszuführen. Daher ist es geradezu unverständlich, mit wie wenig Engagement und Gestaltungswillen sich heutzutage die meisten Kandidaten präsentieren.

**Überlegen Sie sich genau, was Sie Ihrem Empfänger und potenziellen Auftraggeber wie über Ihre Kompetenz, Ihre Leistungsmotivation und Ihre Persönlichkeit (Wesensart) mitteilen wollen.**

Herrn
Dr. Bruno Mayer
Mayer Marketing GmbH
Berliner Platz 3–7
34119 Kassel

Berlin, 10. Juni 2010

Kurzbewerbung

Sehr geehrter Herr Dr. Mayer,

auf Empfehlung von Herrn Heinrich und nach einem freundlichen Telefonat mit Ihrem
Assistenten, Herrn Maas, überreiche ich Ihnen meine Kurzbewerbung.

Aus persönlichen Gründen strebe ich eine Tätigkeit im Raum Kassel an und könnte Ihnen
als EDV-Fachkraft ab 15. August zur Verfügung stehen.

Ich biete Ihnen besondere Fähigkeiten auf den Gebieten:
• EDV, Marketing und Organisation;
• Fotografie und Computer-Grafik;
• gute soziale Kompetenz, besonders als EDV-Trainerin;
• ein hohes Maß an Selbstständigkeit, Disziplin und Eigenverantwortung;
• die Fähigkeit, schnell innovative Lösungen zu finden.

Meine Berufserfahrungen und fachspezifischen Kenntnisse, die ich während meiner
nebenberuflichen Fortbildungen erworben habe, kann ich sicher sehr gut zur Erreichung
der Unternehmensziele Ihres Hauses einbringen.

Sehr geehrter Herr Mayer, sollte ich mit meiner Kurzbewerbung Ihr Interesse für meine Person
als neue Mitarbeiterin geweckt haben, freue ich mich, Sie in einem persönlichen Gespräch
von mir zu überzeugen. Meine ausführlichen Bewerbungsunterlagen stelle ich Ihnen gern jederzeit
zur Verfügung.

Ich freue mich, von Ihnen zu hören, und verbleibe

mit freundlichen Grüßen aus Berlin

*Andrea Grün*

**K u r z b e w e r b u n g**
**für den EDV-Bereich von**

Andrea Grün, Stresemannstr. 27, 10963 Berlin
☎ 030 2812222    ▭ agrün@alpha.de

geboren am 16. Oktober 1970 in Zürich
schweizerische Staatsangehörigkeit
seit 1995 in Berlin, ledig

EDV-Fachfrau

Mein beruflicher Hintergrund

| seit 02/05 | **Telefonseelsorge Berlin e.V.** |
| | Systemoptimierung / Aufrüstung der EDV-Anlage |
| | Schulung der Mitarbeiter |
| | Öffentlichkeitsarbeit / Spendenmarketing |
| | Organisation und Vorbereitung der Jubiläumsfeierlichkeiten |
| 1998 – 2002 | **Sanitätshaus Schlau in Berlin** |
| | Sachbearbeiterin mit EDV-Systembetreuung |
| | Einführung und Optimierung der EDV |
| 1997 | **Verlagsdruckerei Projekt 88 in Zürich** |
| | Mitarbeit in Organisation, EDV, Grafik, Satz u. Fotografie |
| | Leiterin der Bildredaktion |
| 1993 – 1996 | dreijährige Familienpause |
| 1991 – 1993 | **Aral-Raststätte in Zürich** |
| | Sachbearbeiterin |

Meine Aus- und Weiterbildung

| 2004 – 2005 | **Kaufmännische Akademie Berlin** |
| | Fortbildung „Kaufmännische Fachkraft" |
| 2000 – 2002 | **Freie Universität Berlin** |
| | Berufsbegleitende Weiterbildung „EDV-Anwendung in der |
| | kaufmännischen Sachbearbeitung" mit IHK-Abschluss |
| 1989 – 1991 | **Technische Fachhochschule Zürich** |
| | Abschluss als Industriekauffrau |
| 1986 – 1989 | Ausbildung zur technischen Zeichnerin |

Meine besonderen Kenntnisse

Englisch, Italienisch und Spanisch, Windows Vista, XP/Netzwerke/
Word, Excel, Access, QuarkXPress, Photoshop u. a.

**Frank E. Baumann**
Staatl. geprüfter Hotelbetriebswirt
Kurfürstenstr. 6
54295 Trier
Tel. 0782 6922892

Herrn
Direktor Schmidt
Hotel Schweizerhof
Hardenbergplatz 1
10623 Berlin

Trier, 13.10.2010

**Bewerbung für die Position des Verkaufs- und Marketingleiters
im Hotel Schweizerhof in Berlin**

Sehr geehrter Herr Schmidt,

vielen Dank für das informative Telefonat am heutigen Nachmittag.
Wie besprochen, hier meine vollständigen Bewerbungsunterlagen.

Ich bin Betriebswirt für das Hotel- und Gaststättenwesen (Studium in Dortmund
an der Wirtschaftsfachschule), 37 Jahre alt, ursprünglich gelernter Koch
und zurzeit in einem Hotel mit 200 Betten in Trier als Verkaufsleiter in ungekündigter
Stellung tätig.

Aus persönlichen Gründen möchte ich mein Wirkungsfeld nach Berlin verlagern
und bin sehr interessiert, Ihr Haus und das für mich sehr reizvolle Aufgabengebiet
Verkauf und Marketing kennenzulernen.

Auf eine persönliche Begegnung mit Ihnen freue ich mich
und grüße Sie herzlich aus Trier

*Frank E. Baumann*

Anlage: Bewerbungsmappe

# Bewerbungsunterlagen

als Verkaufs- und Marketingleiter
Hotel Schweizerhof, Berlin

**Frank E. Baumann**
Staatl. geprüfter Hotelbetriebswirt
Kurfürstenstr. 6
54295 Trier

Tel. 0782 6922892

# Lebenslauf

**Zur Person**                     Frank E. Baumann

staatlich geprüfter Betriebswirt
für das Hotel- und Gaststättenwesen

geboren am 11.09.1973 in Stuttgart

verheiratet, zwei Kinder, 7. u. 9. J. alt

---

## Schulische und berufliche Ausbildung

| | |
|---|---|
| 08/80 – 06/89 | Grund- und Hauptschule in Willingen |
| 07/89 – 07/92 | Ausbildung zum Koch im Höhenhotel „Berghaus", Esslingen/Neckar |
| 09/98 – 06/99 | Weiterbildung: Berufsoberschule Münster (Fachschulreife) |
| | Fachschulstudium |
| 09/01 – 06/03 | Wirtschaftsfachschule für Hotellerie und Gastronomie, Dortmund |
| 25.06.2003 | **Abschlussprüfung zum staatlich geprüften Betriebswirt für das Hotel- und Gaststättenwesen mit bestandener Ausbildereignungsprüfung** |

**Studienfächer:**
– Betriebswirtschaftslehre
– Betriebliches Rechnungswesen
– Touristik- und Hotel-Marketing
– Angewandte Datenverarbeitung (EDV)
– Technologie des Hotel- und Gaststättengewerbes
– Praxisorientierte Fallstudien
– Rechts- und Steuerlehre
– Englisch/Französisch
– Berufs- und Arbeitspädagogik (AEVO)

---

**Sprachkenntnisse**     Englisch in Wort und Schrift (fließend)
Französisch (gute Kenntnisse)

**EDV-Kenntnisse**       Reservierungssysteme „Fidelio-Micro", „HORES", „RIO 80862"
Windows Vista/XP, Word, Excel, Works, Access

**Engagement**           Vollmitglied in der Hotel Sales and Marketing Association (HSMA),
German-Chapter, Region 1

**Sonstiges**            Führerschein Kl. B

**Hobbys**               Mein Beruf, hier insbesondere Marketing und Werbung
Blues und Jazz (ich spiele Schlagzeug)
Reisen/Fotografieren/mit Holz arbeiten

## Beruflicher Werdegang

seit 01/09              **Verkaufsleiter**
Hotel „Weingut König", Trier-Olbe

07/04 – 12/08        **Verkaufsleiter / stellv. Geschäftsführer**
„ABC"-Hotel GmbH, Berlin-Tiergarten

07/03 – 06/04        **Direktionsassistent**
Hotel „Astro", Wiesbaden

04/00 – 08/01        **Stellvertretender Küchenchef (Sous-Chef)**
Hotel-Restaurant „Poch", Bellingen

07/99 – 03/00        **Chef-Entremetier / Chef Rôtisseur**
Hotel-Restaurant „Poch", Bellingen

01/97 – 08/98        **Kfm. Angestellter Verkauf (Gastronomie), Abteilung Food**
REWE-Süd-Großhandel, Spellbach

04/95 – 12/96        **Chef-Entremetier**
Hotel-Restaurant „Rössle", Waldenburg bei Stuttgart

04/94 – 03/95        **Demi-Chef Entremetier**
Hotel „Hirsch", Fellbach/Schwarzwald

01/93 – 03/94        **Grundwehrdienst als Feldkoch / Sanitätssoldat**
1. Sanitätsbataillon 10, Esslingen/Neckar

07/89 – 07/92        **Ausbildung zum Koch**
Höhenhotel „Berghaus", Esslingen/Neckar

---

## Seminare und Praktika

07/02 – 10/02        **Reservierungs- und Empfangsabteilung**
Praktikum im Hotel „Astro", Wiesbaden

01/03 – 06/03        **Reservierungs- und Verkaufsabteilung**
Praktikum Hotel „v. Korff", Berlin-Charlottenburg

01/03                Prüfung zum **„Anerkannten Fachberater für Deutschen Wein"**
Deutsches Weinbauinstitut, Mainz

03/04                **Public Relations im Hotel- und Gaststättengewerbe**
Karla Dicks, Chefredakteurin NGZ, Servicemanager

09/04                **Controlling**
**Produkt-Marketing und -Werbung**
**Strategische Unternehmensführung**
Seminare bei Unternehmensberatung Bednarz-Hell, Berlin

**Was Sie sonst noch über mich wissen sollten:**

*Meine Handlungsweise ist geprägt vom Umgang mit Menschen sowie dem Streben nach optimaler Dienstleistung und größtmöglicher Zufriedenheit des mir anvertrauten Gastes. Dabei wird mein Denken durchaus auch von betriebswirtschaftlichen Zahlen bestimmt. Ökonomische Zusammenhänge schnell zu erfassen, analytisch auszuwerten, um auf dieser Basis nach neuen, effektiveren Lösungen zu suchen, ist Grundlage meiner unternehmerischen Aktivitäten.*

*Schon als Mitglied der Studenten-Mitverwaltung war ich verantwortlich für die Organisation von Fachprojekten und Studienreisen. Häufig engagierte ich mich dabei auch in der Öffentlichkeitsarbeit.*

*Im Rahmen einer praxisorientierten ABC-Gruppe erstellte ich verschiedene Marketingstudien und Betriebskonzepte. Bereits hier habe ich unternehmerisches Denken und verantwortungsbewusstes Handeln zeigen können, das für meine Tätigkeiten nach dem Studium unabdingbare Arbeitsbasis war. Ausdauer, Konsequenz und Pflichtbewusstsein werden mir von Freunden und Kollegen ebenso zugeschrieben, wie eine bisweilen als (zu) ehrgeizig erscheinende Hartnäckigkeit.*

*Für mich ist jedoch die Orientierung an den bestmöglichen Leistungen eine Frage der Verantwortung mir selbst und den von mir und meiner Arbeit abhängigen Dritten gegenüber.*

*Berlin, 13.10.2010*

Frank E. Baumann

# Anlagen / Inhaltliche Gliederung

### Arbeitszeugnisse / Referenzen

– Hotel „Weingut König", Trier
– „ABC"-Hotel GmbH, Berlin
– Hotel „Astro", Wiesbaden
– Hotel-Restaurant „Poch", Bellingen
– REWE-Süd-Großhandel, Spellbach
– Hotel-Restaurant „Rössle", Waldenburg
– Hotel „Hirsch", Fellbach
– Dienstzeugnis Bundeswehr
– Höhenhotel „Berghaus", Esslingen/Neckar

### Seminare / Praktika

– Grundkurs Excel
– Grundkurs MS Windows
– Produkt-Marketing und -Werbung
– Controlling
– Strategische Unternehmensführung
– Anerkannter Fachberater für Deutschen Wein
– Praktikumszeugnis Hotel „Astro"
– Praktikumszeugnis Hotel „v. Korff"

### Schulzeugnisse

– Hotelwirtschaftsschule, Berlin
– Ausbildereignungsprüfung, IHK Berlin
– Berufsoberschule, Bellingen
– Fachgehilfenbrief zum Koch

# Zu den Unterlagen von Frank E. Baumann

Ein sehr angenehm kurzes **Anschreiben** bringt die Botschaft schnell und souverän auf den Punkt. Hier wurde vorab telefoniert, die Unterlagen vorher angekündigt. Übrigens: eine interessante Abschlussformel.

Die gewählte Form für das **Deckblatt** ist Ihnen als Leser bereits bekannt. Das bemerkenswerte, quadratische **Foto** zeigt einen interessanten Kandidaten mit Fliege und ist fotografisch gut gemacht (attraktiv mit leichtem »Anschnitt«). Ein solches Bewerberfoto sieht man sich gerne länger an – und das ist ja auch intendiert, denn: jetzt entsteht Sympathie, Interesse am Kandidaten, der Wunsch, diesen näher kennenzulernen.

Die nächste Seite mit der Überschrift **Lebenslauf** hat zunächst einen klassischen Aufbau (Angaben zur Person, schulische und berufliche Ausbildung). Das Ganze wurde geschickt ausgestaltet und liest sich gut.

Dann folgen weitere Informationen, und erst auf der nächsten Seite lernen wir den beruflichen Werdegang in aller gebotenen Ausführlichkeit kennen, ergänzt durch Seminare und Praktika.

Auch eine andere Abfolge ist vorstellbar: Statt mit der Ausbildung könnte man gleich mit den wichtigsten Berufsstationen starten. Es geht aber auch so. Einziger Kritikpunkt: vielleicht etwas weniger Hobbys aufzählen! Eventuell hätten die Seminare und Praktika in umgekehrter Reihenfolge präsentiert werden können: das Aktuellste zuerst.

Neu für Sie als Leser ist jetzt das Einfügen einer weiteren Mitteilung. Wir nennen sie die »Dritte Seite« (s. a. S. 125). Diese »**Dritte Seite**« ist wirklich ausdrucksstark formuliert, grafisch ansprechend gestaltet, auch wenn man sich den Zeilenumbruch etwas anders vorstellen könnte, und vermittelt einen positiven Anreiz, den Bewerber möglichst schnell auch persönlich kennenlernen zu wollen. Die Unterschrift an dieser Stelle verstärkt diesen Eindruck.

Die **Inhaltsübersicht** zu den weiteren Anlagen macht einen überzeugenden Eindruck.

### Einschätzung
Die gesamte Bewerbungsmappe verdient sicherlich die Note 2+.

---

| 3. Lektion | Gibt es einen Leitfaden für die Erstellung der Unterlagen? |
|---|---|

Es geht um den ersten guten Eindruck. In der Werbepsychologie gibt es eine Grundformel, die beschreibt, wie Wirkung erzielt werden kann: die AIDA-Formel.

A für attention (Aufmerksamkeit erzeugen)

I für interest (Interesse wecken)

D für desire (Wunsch auslösen, zum Vorstellungsgespräch einzuladen)

A für action (die Aktivität, also die Einladung auslösen)

Ziel muss es sein, Aufmerksamkeit und Interesse zu wecken, um den Schritt »Einladung zu einem Vorstellungsgespräch« auszulösen. Stellen Sie alle wichtigen Argumente, die Sie vorzubringen haben, in kurzer, komprimierter Form insbesondere in Ihrem beruflichen Werdegang, dem Lebenslauf, dar.

**Je mehr Wertschätzung Sie Ihrem potenziellen Arbeitgeber durch eine gründlich vorbereitete Bewerbung entgegenbringen, desto höher Ihre Chance, zu einem Vorstellungsgespräch eingeladen zu werden.**

Dipl.-Ing Maria Mayer - Calvinstr. 20 - 28101 Bremen

Maschinenkraft Deutschland
Management Recruiting
Frau Schulz
Butzbachstr. 40
66666 Hellbach

Maria Mayer, Dipl.-Ing. (FH)
Förder- u. Lagertechnik
Calvinstr. 20
28101 Bremen
Tel. 0421 122112

**Managementnachwuchs-Trainee**

Sehr geehrte Frau Schulz,

ich bin Maschinenbau-Ingenieurin und habe großes Interesse an einer Tätigkeit
in Ihrem Unternehmen.

Zu meiner Person:
Seit Beendigung meines Maschinenbaustudiums vor 2$\frac{1}{2}$ Jahren (Abschluss mit Note 1,6)
bin ich bei einem Spezialunternehmen für Förder- und Lagertechnik als Projektingenieurin
tätig. Dabei umfasst mein Aufgabengebiet neben den klassischen Tätigkeiten u.a. die
Bereiche Bauplanung, Arbeitsplatzgestaltung und Organisation.

Durch die verschiedenen Aufgaben, die ich als Projektingenieurin bereits erfolgreich
bearbeitet habe, werden meine Lernbereitschaft und meine Fähigkeit, Problemstellungen
unterschiedlicher Art zu bewältigen, deutlich. Ich bin es gewohnt, sowohl selbstständig
als auch interdisziplinär im Team zu arbeiten.

Ich suche eine Herausforderung in neuen Projekten und bin gerne bereit, mir im Rahmen
eines Traineeprogramms eventuell fehlendes Wissen anzueignen. Dabei interessieren mich
besonders die Bereiche *Engineering* und *Logistik*.

Für alle weiteren Auskünfte stehe ich Ihnen gerne in einem persönlichen Gespräch
zur Verfügung.

Mit freundlichen Grüßen

*Maria Mayer*

Anlagen: Bewerbungsunterlagen

# BEWERBUNGSUNTERLAGEN

## Managementnachwuchs-Trainee

Maria Mayer, Dipl.-Ing. (FH)
(Förder- u. Lagertechnik)
Calvinstr. 20
28101 Bremen
Tel. 0412 122112
E-Mail: mama@gmx.de


Bremen, 20.06.2010

1 von 4

# LEBENSLAUF

Maria Mayer
geboren 12.11.1984 in Bolldorn (NRW)
verheiratet, keine Kinder

## Berufspraxis

seit             Jan. '08        Ingenieurin für lagertechnische Probleme
mit Aufgaben in den Bereichen:

- Lager- und Fördertechnik
- Bauplanung
- Arbeitsplatzgestaltung
- Organisation
- Qualitätsmanagement

## Kenntnisse

Sprachen:                  sehr gute Englischkenntnisse
gute Grundkenntnisse in Französisch und Spanisch

EDV:                      fundierte Kenntnisse der Programme Word, Access,
Excel, PowerPoint und Adobe Illustrator

## Studium

| | | | |
|---|---|---|---|
| Sep. '03 | – | März '04 | Fachhochschulpraktikum bei Siemens |
| April '04 | – | Dez. '07 | Technische Fachhochschule Hannover, Fachbereich: Maschinenbau Förder- und Lagertechnik |
| April '06 | – | Aug. '06 | Praktisches Studiensemester bei IBM in der Arbeitsvorbereitung |
| Aug. '07 | – | Okt. '07 | Diplomarbeit bei der Metallgesellschaft GmbH & Co KG Thema: Erstellung eines Lagerkonzeptes (Störung und Instandhaltung) für ein Hochregallager, Abschlussnote: 1,5 |
| Dez. '07 | | | *Diplomingenieurin (FH), Abschlussnote: 1,6 (Prädikat: gut)* |

## Praktische Tätigkeiten (Studiumfinanzierung)

| | | |
|---|---|---|
| Juli '02 – Aug. '02 | | Galvanikhelferin bei Schering |
| Juni '03 – Aug. '03 | | Hilfsschmelzerin bei Thyssen-Stahl |
| Juli '04 – Sep. '04 | | Produktionshelferin in der Head-Fertigung bei IBM |
| Juli '05 – Sep. '05 | | Produktionshelferin bei Gillette |
| Feb. '06 – April '06 | | Wach- und Messedienst bei der Fa. Nachtschutz |
| Aug. '06 – Sep. '06 | | Produktionshelferin bei Siemens |

## Schulbildung

| | | |
|---|---|---|
| Aug. '90 – Juni '96 | | Martin-Feld-Grundschule Hannover |
| Sep. '96 – Juli '03 | | Friedrich-Ebert-Oberschule Hannover *Allgemeine Hochschulreife* |

## Sonstiges

| | |
|---|---|
| Hobbys: | handwerkliche Tätigkeiten aller Art (Renovieren, Holzarbeiten etc.) Restauration eines Motorrollers Baujahr 1957 |
| Sonstiges: | Mitglied im Malteser Hilfsdienst e.V. Leiterin der externen Ausbildung im Bezirk Weser Sanitäterin und Truppführerin im Katastrophenfall |

Bremen, 20.06.2010

*Maria Mayer*

3 von 4

# WER BIN ICH?

**Ich bin** ein verantwortungsbewusster und zielstrebiger Mensch mit vielseitigen Interessen und großer Bereitschaft, mich voll und ganz neuen Aufgaben zu widmen. Mein Arbeitsstil ist geprägt durch ein hohes Qualitätsbewusstsein.

**Für Ihr Unternehmen** werde ich durch meine Innovationskraft und meine Fähigkeit, analytisch zu denken, sicherlich bald eine gewinnbringende Mitarbeiterin sein und damit zu einer positiven Firmenentwicklung beitragen.

**Die richtige** Arbeitsmotivation beziehe ich aus anspruchsvollen Problemstellungen und meiner Identifikation mit der Firma und ihren Produkten. Dies trifft aus meiner Sicht bei Ihrem Unternehmen und der angebotenen Position absolut zu und verstärkt meinen Wunsch, mich für Sie besonders zu engagieren.

# Zu den Unterlagen von Maria Mayer

Ein etwas ausführlicheres **Anschreiben**, das eher als eine Initiativbewerbung zu interpretieren ist, enthält alle wesentlichen Punkte, auf die es ankommt (die eigene Person, Daten, Leistungen, was angeboten werden kann und gesucht wird). Der »Ich«-Anfang ist sicherlich nicht jedermanns Geschmack, zeugt aber von Selbstbewusstsein und ist heutzutage absolut zulässig. Die Briefkopfgestaltung ist kreativ, wenngleich – wie immer – Geschmackssache. Der Flattersatz macht das Anschreiben lebendig, und Fett- und Kursivschrift sind sparsam, aber an den richtigen Stellen eingesetzt. Einen gravierenden Minuspunkt gibt es allerdings: Das Datum im Anschreiben fehlt (das haben Sie sicherlich sofort bemerkt …).

Die **Deckblatt**-Gestaltung ist durch das gelungene **Foto** und die Unterschrift der Kandidatin (bitte in blau!) mit Sicherheit ein »Hingucker«. Was halten Sie von der Alternative? Urteilen Sie selbst, wie die junge Kandidatin auf dem Foto »rüberkommt«: Auch ein Foto kann langweilen. Außergewöhnlich ist auf dem Deckblatt außerdem: die in Klammern angefügte berufliche Fachrichtung und die besondere Seitennummerierung.

Der **Lebenslauf** beginnt mit der Berufspraxis, die eher etwas spärlich beschrieben ist, wenn man bedenkt, dass doch immerhin zweieinhalb Jahre Arbeitserfahrung vorliegen. Hier liegt Verbesserungspotenzial. In Kontrast dazu steht die fast zu ausführlich geratene Darstellung der praktischen Tätigkeiten. Das ist übrigens ein ganz typischer Fehler von Berufseinsteigern.

Die formale Gestaltung der »**Dritten Seite**« enthält in den Absatzanfängen ein kleines Wortspiel, mit dem sich die Bewerberin nicht unerheblich exponiert (»Ich bin« … »Für Ihr Unternehmen« … »Die richtige«). Auch damit wird (neben dem Foto und der Unterschrift) Selbstbewusstsein signalisiert, vielleicht sogar ein klein wenig zu viel, denn die Prognose, schon bald eine gewinnbringende Mitarbeiterin zu sein, könnte emotionale Gegenwehr auslösen. Dennoch handelt es sich um ein interessantes Beispiel mit hoffentlich vielen Anregungen für Sie.

**Einschätzung**

Ein recht gutes, aber gewagtes und mit Risiken verbundenes Beispiel mit Verbesserungsmöglichkeiten.

Alternativbild.
Vergleichen Sie dazu auch das **Bewerbungs-foto** auf ▶ **Seite 51.**

---

**4. Lektion**     **Hat Ihr Foto wirklich so eine wichtige Bedeutung?**

Und ob! Es ist der klassische Sympathieträger, ein Hauptargument in Sachen »Persönlichkeit«, mit dem Sie die »Auswahlkommission« auf Ihre Seite ziehen können. Zu jeder guten Bewerbungsmappe gehört also unbedingt ein gutes, sympathisches Foto. Wer damit Sympathie mobilisieren kann, hat einfach die besseren Chancen, besonders dann, wenn die papierenen Qualifikationsnachweise doch nicht ganz so eindeutig für Sie sprechen.

**Unterschätzen Sie nicht die Macht der Bilder (hier: des Fotos).**

**SILKE UHLAND**

Bahnhofstr.1a
55518 Mainz
Telefon: 06131 34 86
Mobil: 0175 435206

Omega Personalberatung
Frau Wagner
Elbestr. 11
23170 Reinbek

Mainz, 14. März 2010

***Bewerbung als Assistentin des Niederlassungsleiters für die Geschäftsstelle Köln***
***Ihre Anzeige im Kölner Tageblatt vom 6.3.2010***

Sehr geehrte Frau Wagner,

nach dem freundlich-informativen Telefonat mit Herrn Heinrich möchte ich hier meine Bewerbungsunterlagen überreichen und Ihnen meine professionelle Unterstützung Ihres Niederlassungsleiters anbieten.

Kurz zu meiner Person: Ich habe als Assistentin eines Vorstandsmitglieds mein Können unter Beweis gestellt, bin flexibel, verfüge über die notwendige Sekretariatserfahrung und weiß, was kundenorientiertes Arbeiten bedeutet.

Für die Zeit ab Mai 2010 suche ich eine entwicklungsfähige Position, bei der selbstständiges Arbeiten, Team- und Kontaktfähigkeit sowie Eigeninitiative und Dynamik gefordert sind.

Gerade die Möglichkeit, von Anfang an den Erfolg Ihres neuen Standorts mitzugestalten, reizt mich an der skizzierten Aufgabe. Den außerordentlichen Anforderungen dieser Phase kann ich durch meinen vielseitigen Erfahrungshintergrund in einem besonderen Maße entsprechen.

Mehr über mich auf den nächsten Seiten.
Ich freue mich auf eine Einladung.

Mit freundlichen Grüßen aus Mainz

*Silke Uhland*

Anlagen

# Bewerbung als Assistentin des Leiters der Geschäftsstelle Köln

Silke Uhland
Bahnhofstr. 1a
55518 Mainz

Telefon: 06131 3486
Mobil: 0175 435206

Silke Uhland                    **LEBENSLAUF**

geboren:                        5. Januar 1974 in Wanne-Eickel
Familienstand:                  ledig und kinderlos


## Schul- und Hochschulbildung

| | |
|---|---|
| 1980–1984 | Grundschule |
| 1984–1986 | Hauptschule |
| 1986–1990 | Aufbaurealschule |
| 1990–1993 | Gymnasiale Oberstufe der Gesamtschule<br>Wanne-Eickel<br>Abitur |
| 1993–1998 | Studium der Politischen Wissenschaft,<br>Soziologie und Neueren Deutschen Literatur<br>Magister-Artium-Examen |

---

Um Einblicke in die unterschiedlichen Organisations- und Betriebsstrukturen zu gewinnen, setzte ich mir nach Abschluss meines Studiums das Ziel, in den folgenden fünf Jahren vielfältige Berufserfahrungen zu sammeln. Meine Arbeitsfelder waren bisher:


## Kommunikations- und Informationsmanagement

Stadt Düsseldorf:                                          10/1998–12/1998
Redaktionelle Mitarbeit bei der Erstellung des
Ausstellungskatalogs „Hauptstadt: Residenzen und
Stadtentwicklung in der deutschen Geschichte"

Kommission der Europäischen Gemeinschaft, Brüssel:         01/1999–06/1999
Betreuung der Multimediakampagne zum Euromarkt 1994
über die Werbeagentur GfK

Europäisches Parlament, Straßburg:                         10/1999–12/1999
Friedrich-Naumann-Stipendium, Sektion Förderung
Postgradualer Studien

## Öffentliche Verwaltung

| | |
|---|---|
| Gesamtdeutsches Institut, Berlin:<br>Recherche und Dateierstellung zum Thema<br>„Kulturpolitik in der DDR" | 07/1999 – 11/1999 |
| Inter Nationes e.V., Frankfurt:<br>Führung des Referatssekretariats „Kultur" | 01/2000 – 03/2000 |

## Personal- und Bildungsarbeit

| | |
|---|---|
| Carl-Duisberg-Gesellschaft, Köln:<br>Mitarbeit in verschiedenen Projekten zur<br>Wissenschaftsförderung | 05/2000 – 02/2001 |
| Oberrhein-Verlag GmbH, Wesel:<br>Assistentin im Projekt<br>„Zukunftsorientierung im Verlagswesen" | 07/2001 – 10/2001 |
| Volkswagen, Wolfsburg:<br>Assistentin des Personalmanagers Europäische Union | 01/2002 – 09/2006 |

## Verkauf/Vertrieb

| | |
|---|---|
| BASF Lacke + Farben AG, Heidelberg:<br>Abteilungsleiterin in der Sektion „Refinish" | 10/2006 – 03/2009 |

## Fortbildung

| | |
|---|---|
| London Chamber of Commerce and Industry:<br>English for Business | 10/2005 |
| Institut für Datenverarbeitung und Betriebswirtschaft,<br>Hannover:<br>Grundlagenkurs „Betriebswirtschaft, Spezialisierung<br>Personalwesen" | 04/2009 – 03/2010 |

## Hobbys

Schwimmen
Segeln
Kunststudien über den Maler Marc Chagall


Mainz, 14. März 2010

*Silke Uhland*

# Ich über mich

Seit einigen Jahren bin ich
begeisterte Seglerin.

Die Winde der Ostsee
immer wieder neu zu erfahren,
mal im ruhigen Fahrwasser zu gleiten,
mal durch aufbrausendes und
unruhiges Meer,
jedes Mal sich auf die aktuellen
Gegebenheiten einzustellen,
sei es im Frühjahr, aber auch im Herbst,
wenn die Winde rauher werden,
reizt mich.

Das eigene Können einbringen
in das Zusammenspiel des Teams.
Mit dem Vertrauen
in die gemeinsame Kraft
und dem Ziel im Blick,
Ausdauer unter Beweis zu stellen
– das ist es, was ich will.

Segeln, wie zusammenarbeiten:
sicherlich auch eine Frage des Mutes.

# Zu den Unterlagen von Silke Uhland

Ein etwas ausführlicheres **Anschreiben** enthält uns leider die berufliche Qualifikation unserer Bewerberin vor. Der Briefanrede und dem folgenden Text ist zu entnehmen, dass mit der eigentlich verantwortlichen Person (Frau Wagner) leider nicht direkt telefoniert worden ist. Gliederung und Inhalt des Schreibens sind eher konservativ, die Formulierungen dennoch recht ansprechend, der Abschluss hat durchaus etwas Verbindliches und Liebenswürdiges (vielleicht in dieser Form besonders für eine Bewerberin geeignet). Trotz guter »dramaturgischer« Abfolge der Bausteine: Das Fehlen der sehr wichtigen Grundinformationen (berufliche Ausbildung, Erfahrungshintergrund) wirkt nach und nimmt dem ansonsten sehr gut formulierten Brief leider viel an positiver Wirkungskraft. Hier gibt es Verbesserungspotenzial.

Optimistisch eingeschätzt machen diese Defizite eventuell neugierig auf das, was noch kommen muss (optimistisch …!) – unter der Voraussetzung, dass das Anschreiben zuerst gelesen wird, was allerdings in der Alltagspraxis keinesfalls die Regel ist.

Das **Deckblatt** ist unspektakulär gestaltet (wieder kein Hinweis auf den beruflichen Hintergrund, leider auch kein Wiedererkennungswert für den Empfänger) und bietet einem attraktiven **Foto** Platz. Format, »Anschnitt«(Sie wissen jetzt, was darunter zu verstehen ist), die dunklen Flächen, die außergewöhnliche Kopfdrehung, das alles erzielt eine positive Wirkung. Mit Interesse an der Bewerbung wird jetzt weitergeschaut. Das etwas schlichte Layout des Deckblattes sollte unserer Einschätzung nach überarbeitet werden.

Die Präsentation des **Lebenslaufs** ist innovativ, vor allem hinsichtlich der Gliederung nach Arbeitsfeldern. Die eingearbeitete Kurztextpassage (»Um Einblicke in die unterschiedlichen … Strukturen zu gewinnen …«) wirkt hilfreich und macht, kritisch betrachtet, aus der Not eine Tugend, was den beruflichen sogenannten »roten Faden« anbetrifft. Leider sind dann aber auf der folgenden Seite die Themen »Fortbildung«, vor allem aber »Hobbys« nicht deutlich genug abgegrenzt. Eine andere Schriftgröße wäre hier wünschenswert und würde die eingangs gut platzierten Sätze auch inhalt-lich noch einmal unterstreichen. Beide Seiten sind jedoch grafisch ansprechend, z.T. auch unkonventionell, gestaltet. Sie lassen vergessen, dass die Bewerberin sich aus der Arbeitslosigkeit bewirbt.

Die Aufzählung der Hobbys ist übrigens besonders außergewöhnlich und reizt zu Nachfragen (im Vorstellungsgespräch!). Darauf muss die Kandidatin gut vorbereitet sein. In der Realität kam es zu interessanten Gesprächen, die sehr schnell zu einer Einstellung führten.

Besonders auffällig: die »**Dritte Seite**« – sowohl inhaltlich als auch im Layout. Eine wichtige, aussagekräftige Botschaft der Bewerberin wird mittels eines starken Bildes transportiert.

Anhand des Hobbys wird eine Art Persönlichkeitsporträt vermittelt. In der Tat sagen ja die in einer Bewerbung mitgeteilten Interessen und Hobbys immer Wesentliches über den Charakter eines Kandidaten aus. Deshalb ist gerade dieser Punkt in den Bewerbungsunterlagen ausgesprochen wichtig. Immer wieder wird aber von Bewerbern der Standpunkt vertreten: Was gehen denn meine Hobbys eigentlich den Arbeitgeber an? Diese Haltung signalisiert, dass noch nicht das richtige Bewusstsein für die Essentials einer Bewerbung vorhanden ist. Denn neben dem Faktor Kompetenz sind es besonders die in den schriftlichen Unterlagen vermittelte Leistungsmotivation und die Persönlichkeit des Bewerbers, die zu einer Absage oder einer Einladung zum Vorstellungsgespräch führen.

Das hier präsentierte, fast schon poetische Beispiel ist vielleicht eher bei Geistes- als bei Naturwissenschaftlern zu erwarten und zu empfehlen, und außerdem auch nicht jedermanns Geschmack, aber wem's gefällt … In der Bewerbungsrealität jedenfalls löste dieser Text starkes Interesse an der Kandidatin aus – mit dem gewünschten Ergebnis einer hohen Anzahl (um beim Segeln zu bleiben: einer Flut) von Einladungen.

### Einschätzung

Ein außergewöhnliches Beispiel, das Wertschätzung findet, sich zum Teil aber auch noch verbessern lässt. Insgesamt gut bis besser.

Roland Rothe

Hahnenweg 2
14465 Potsdam
Telefon 0331 54321

Süddeutsche Beton Werke AG
Dr. Heinrich Oppel
Industriestr. 17
70565 Stuttgart

10. August 2010

**Bewerbung für den Bereich Unternehmenskommunikation**

Sehr geehrter Herr Dr. Oppel,

aus ungekündigter Position suche ich im Bereich Unternehmenskommunikation in Ihrem Haus eine neue Herausforderung und biete Ihnen meine Mitarbeit an.

Ich wünsche mir neue Aufgaben im PR-Bereich und möchte gerne einen Beitrag zur Weiterentwicklung Ihrer unternehmensinternen Kommunikation leisten.

Mein Wissen und Können habe ich beim Aufbau einer Abteilung für Öffentlichkeitsarbeit beim TÜV Brandenburg unter Beweis gestellt. Die dabei gemachten Erfahrungen sowie meine starke Leistungsmotivation, gepaart mit hoher Lernbereitschaft, sind eine gute Ausgangsbasis für dieses neue Aufgabengebiet.

Auf eine Einladung freue ich mich.

Mit freundlichen Grüßen

*Roland Rothe*

**Anlage**
Bewerbungsmappe

*Vertrauen ist für alle Unternehmungen*
*das größte Betriebskapital, ohne welches*
*kein nützliches Werk auskommen kann.*
*Es schafft auf allen Gebieten die Bedingungen*
*gedeihlichen Geschehens.*
(Albert Schweitzer)

Roland Rothe
Hahnenweg 2
14465 Potsdam
Telefon 0331 54321

# Bewerbung

im Bereich
interne Unternehmenskommunikation
der
Süddeutschen Beton Werke AG
Stuttgart

Roland Rothe

Hahnenweg 2
14465 Potsdam
Telefon 0331 54321

Zur Person
geboren am 30. April 1970 in Münster (Westf.)
verheiratet, ein Kind


Ausbildungshintergrund
Diplom-Politologe, Diplom-Übersetzer


Potsdam, 10. August 2005

## Berufliche Tätigkeit

| | |
|---|---|
| Seit Oktober 2005 | Hauptverantwortlicher Leiter des Referats Öffentlichkeitsarbeit beim Technischen Überwachungsverein Brandenburg in Potsdam |
| Schwerpunktaufgabe | Konzeption und Organisation der gesamten PR-Aktionen für den TÜV Brandenburg |
| Januar 2001 bis September 2005 | Assistent des Technischen Leiters beim Industrieverband der Hersteller Kunststoff verarbeitender Pressmaschinen mit folgenden Aufgaben: Herausgabe von Pressemitteilungen, Erstellung eines Pressespiegels (KVPM Newsletter), Überarbeitung von Artikeln für die Fachpresse, Veranstaltungsorganisation, Übersetzungen, Koordination von Prüfprogrammen, Mitarbeit bei der Herausgabe von Verbandspublikationen, sprachliche Ausarbeitung von Vorträgen |

## Erfahrungsbasis

| | |
|---|---|
| Konzeptionelle und strategische Öffentlichkeitsarbeit | Grundsatzfragen der Öffentlichkeitsarbeit in der Arbeitsschutzverwaltung Brandenburg (Mensch, Technik, Organisation, Gesellschaft: Sicherheit, Gesundheit und Wohlbefinden in der Arbeitswelt) |
| | Konzeption, Planung und Organisation der gesamten PR-Aktivitäten <ul><li>eines „Fortbildungskonzeptes zur bürgernahen Kommunikation"</li><li>eines „Konzeptes zur flankierenden Veränderungsfortbildung" im Rahmen der Neuorganisation der Öffentlichkeitsarbeit</li><li>eines „Kooperationsprofils" für potenzielle Partner</li><li>Betreuung und Pflege der Pressekontakte sowie deren Ausbau, auch auf Messen und Pressekonferenzen</li></ul> |
| Operatives PR-Management | <ul><li>Einführung und Weiterentwicklung einer IT-unterstützten Aufbau- und Ablauforganisation</li><li>Erstellen von Texten für alle Informationsmedien im Werbebereich, dazu gehören Anzeigen, Produkt- und Imageprospekte, Multimediaanwendungen inkl. der dazugehörenden Recherchen</li><li>Entwurf von Pressetexten, von der Kurzmeldung bis zum Expertenbericht, sowohl für Fachzeitschriften als auch für die aktuelle Tagespresse</li><li>Vorbereitung und Durchführung von Presseaussendungen</li><li>Redaktion und Abwicklung der Hauszeitschrift</li><li>Entwicklung von Seminarkonzepten in den Bereichen Kommunikation, Verhalten und Methoden</li></ul> |

|                | • Methodisch-didaktische Beratung bei der Entwicklung, Erprobung und Umsetzung von Seminarkonzepten im technischen Bereich |
|----------------|----------------------------------------------------------------------------------------------------------------------------|
|                | • Aufbau und Pflege einer dem TÜV Brandenburg dienlichen Infrastruktur im Bereich der öffentlichkeitswirksamen Medien |
|                | • Diverse Akquisetätigkeiten (Referent/innen, Tagungsstätten, Kooperationspartner) |
|                | • Konzeption und Kalkulation des jährlichen Veranstaltungskalenders |
| Organisation   | • Veranstaltungsabwicklung |
|                | • Vorschläge zur Auswahl und Beschaffung von Fachliteratur, Medien und Arbeitsmaterialien |

## Berufliche Weiterbildung

| Juli und August 2000 | Grundlagen des Verwaltungshandelns für Beschäftigte des Höheren Dienstes, Fortbildungsakademie des Innenministeriums, Frankfurt an der Oder |
|----------------------|---------------------------------------------------------------------------------------------------------------------------------------------|
| März 2001 | Betriebssoziologische Theorie-Praxis-Tage Universität der Bundeswehr, Mainz |
| September 2005 | „Erfolgsorientierte Steuerung industrieller PR-Arbeit" Management-Konferenz des *Institute for International Research*, Berlin |
| März 2006 | Zeichnen und grafisches Gestalten mit Adobe Illustrator, EDV-Institut, Berlin |

## Studium

| 04.1991 – 10.1995 | Übersetzer-Studium Universität Mainz Sprachenkombination: Englisch und Französisch Spezialdisziplin: Technik und EDV Abschluss: Diplom-Übersetzer, Gesamtnote 2,0 PR-relevante Aspekte dieses Studiums: Rhetorik, Stilkunde und Kommunikationswissenschaft |
|--------------------|------------------------------------------------------------------------------------------------------------------------------------------------------------------------------------------------------------------------------------------------------------|
| 10.1995 – 10.2000 | Politikwissenschaften an der Goethe-Universität Frankfurt a. M. Hauptstudium mit den Teilbereichen Regierungslehre und Methoden der Politikwissenschaften Themenschwerpunkte: Konzeptionen zur Reformierung öffentlicher Verwaltungen, Zukunft der Erwerbsarbeit Nebenfach Soziologie mit dem Teilbereich Arbeitssoziologie Themenschwerpunkte: Führung und Kooperation im Personalwesen, Arbeitsorganisation und Neue Technologien |

## Schulausbildung

| | |
|---|---|
| 05.1988 | Nach Grundschule und integrierter Gesamtschule Abitur am Friedrich-Stein-Gymnasium in Münster |
| 04.1990 | Prüfung zum Fremdsprachenkorrespondenten und technischen Dolmetscher in Englisch, nach Besuch des Sprachlabors für Erwachsene vor der Industrie- und Handelskammer zu Köln |

## Sonstige Kenntnisse

### Sprachen

| | |
|---|---|
| Englisch | sehr gut, siehe auch Übersetzer-Diplom |
| Französisch | sehr gut, siehe auch Übersetzer-Diplom |
| Spanisch | solide Grundkenntnisse |

| | |
|---|---|
| **EDV** | Microsoft Office Professional Adobe Illustrator QuarkXPress Adobe Director |
| **Führerschein** | Klassen A, B |

Potsdam, 10. August 2010

*Roland Rothe*

# Zu den Unterlagen von Roland Rothe

Mit dieser Initiativbewerbung aus ungekündigter Position und einem solch kurzen, aber gut getexteten **Anschreiben** gelingt es dem Kandidaten bestimmt, beim Leser Interesse zu wecken.

Ein wirklich interessant gestaltetes **Deckblatt** weist den Kandidaten als PR-Fachmann auch in eigener Sache aus. Diesen Eindruck verstärkt auch noch das folgende Blatt mit **Foto** (Format und Bildausschnitt!) und Daten zur eigenen Person. Eine außergewöhnliche grafische Gestaltung, die aber bestimmt Aufmerksamkeitswert hat. Wie gefällt Ihnen die Fotoalternative?

Die nun folgenden Seiten sind gefüllt mit Qualifikationsmerkmalen und Nachweisen und wirken fast schon ein bisschen überladen. Trotzdem eine interessante Präsentationsform, die sicherlich viele Leser überzeugen wird. Gut gelungen ist auch die Abfolge der Themenblöcke »Berufliche Tätigkeit« – »Erfahrungsbasis« – »Weiterbildung« …, die dramaturgisch geschickt und inhaltlich informativ den Kandidaten ins richtige Licht setzen. Kein Wunder, denn hier handelt es sich ganz deutlich um eine Art erster Arbeitsprobe. Die Gestaltung des **Anlagenverzeichnisses** fügt sich auch im Design den anderen Themenblöcken gut an – hier aus Platzgründen nicht zu begutachten.

Aus verständlichen Gründen hat der Kandidat auf eine »Dritte Seite« verzichtet. Für Sie als Leser wichtig:

Eine »Dritte Seite«, so sinnvoll sie auch sein kann, darf nicht zum Muss oder zu einer Pflichtübung verkommen. Sie müssen schon etwas wirklich Wichtiges mitzuteilen haben, ansonsten ist es besser, Sie verzichten darauf.

PS: Selbstverständlich sollten Sie immer mit blauer Tinte und Vor- und Zunamen unterschreiben. Die Platzierung spielt dabei kaum eine Rolle: über, unter oder neben dem Datum.

**Einschätzung**

Eine gelungene, neue Form der Präsentation mit vielen frischen Ideen.

Alternativbild. Vergleichen Sie dazu das **Bewerbungsfoto** auf ▶ Seite 64.

## 5. Lektion — Was sind die wichtigsten Bausteine Ihrer schriftlichen Bewerbung?

Ihr Werbeprospekt in eigener Sache (Lebenslauf) kommt an erster Stelle, dann die Empfehlungsschreiben (Zeugnisse) und – mit noch größerem Abstand deutlich nachgeordnet in seiner Bedeutung – Ihr Anschreiben. Wenn auch alle drei Dokumente in ihrer Gesamtbedeutung nicht zu unterschätzen sind, in der Gewichtung gibt es schon Unterschiede.

Eine Art Visitenkarte Ihrer Persönlichkeit wird durch Ihr Foto und Ihr Hobby kommuniziert. Das gilt ebenso für spezielle Interessen, Engagements oder besondere ehrenamtliche Tätigkeiten. Generell kann man sagen: Wenn aus dem Hobby Eigenschaften oder Verhaltensmerkmale abzuleiten sind, die für das Berufsleben wichtig sein

könnten, sollten Sie nicht zögern, dies in Ihren Unterlagen zu vermitteln.

**Für das Bild, das sich andere von Ihnen aufgrund Ihrer Bewerbungsmappe machen, sind Sie selbst verantwortlich. Sorgen Sie dafür, dass es »rund« ist.**

**Stefan Pröll**

Diplom-Betriebswirt
Mommsenstr. 73
10629 Berlin
sproell@aol.de
Tel.: 030 8814903

Manpower Personaldienstleistungen
Personaldirektion
Wiesbadener Str. 40
12181 Berlin

Berlin, 2. Oktober 2010

*Bewerbung als Niederlassungsleiter*
*Ihre Anzeige im Nordberliner Kurier vom 25.9.2010*

Sehr geehrte Damen und Herren,

nach dem freundlich-informativen Telefonat mit Herrn Heinrich erhalten Sie hier
meine Bewerbungsunterlagen. Im Folgenden eine kurze Darstellung meiner Person:

- Diplom-Betriebswirt, Kommunikationstechniker, 39 Jahre alt
- 9 Jahre IBM-Berufserfahrung, Gebietsleiter (Teamleiter)
- hoch motiviert, leistungsstark und zielorientiert
- Erfahrung in Personaldienstleistungen

Meine Gehaltsvorstellung liegt bei 60.000,-- Euro p.a. Der früheste Eintrittstermin
wäre der 2. Januar 2011.

Über eine Einladung zu einem persönlichen Gespräch freue ich mich.
Mit freundlichen Grüßen

*Stefan Pröll*

Anlagen

BEWERBUNGSUNTERLAGEN
KENNZIFFER 368

MANPOWER PERSONALDIENSTLEISTUNGEN


STEFAN PRÖLL

---

Diplom-Betriebswirt
Mommsenstr. 73

10629 Berlin

**Stefan Pröll**

Mommsenstr. 73
10629 Berlin

Tel.: 030 8814903
E-Mail: sproell@aol.de
geboren am 13. August 1971 in Berlin
ledig, keine Kinder

**Resümee**
**berufliche und persönliche Kenntnisse, Erfahrungen und Fähigkeiten**

### IBM

Vom Trainee bis zum Gebietsleiter (Umsatz 8 Mio. Euro) habe ich mir,
aufbauend auf dem Studium der Betriebswirtschaft, wichtige Kenntnisse
und Fertigkeiten in der freien Wirtschaft angeeignet.

### USA

Auslandserfahrung, mit Abschluss eines „High School Diploma",
hat meinen Horizont wesentlich erweitert.

### ZIEL

Zu meinen wichtigen persönlichen Eigenschaften gehört das Vermögen,
mir Ziele zu setzen und diese dann gemeinsam mit meinen Partnern
zu erreichen.

# Lebenslauf

## Berufspraxis

| Juni | 2005 | IBM Telekom GmbH & Co. KG, Berlin |
| Sep. | 2010 | Gebietsleiter für Mitteldeutschland |
| | | Vertriebsbeauftragter |

- Gebietsleiter (Teamleiter einer 4er-Gruppe)
  Umsatzverantwortung für 8 Mio. Euro
  Betreuung der autorisierten Händler
- Portefeuille-Analysen und Erarbeitung von Marketingstrategien
  Vertriebsbeauftragter für Multimedia
- Projektleiter für Industriemessen
- Projektleitung für die Neuentwicklung von
  CD-ROMs auf dem Telefonmarketingsektor

| Febr. | 2001 | IBM Telekom Deutschland, Frankfurt am Main |
| Juni | 2005 | Bereich Feinmarketing |

- Leitung eines Projektes für den Europäischen
  Markt im Bereich der Bankautomation
- Planung der Logistik und Materialbestellung

| Jan. | 1997 | Job-Zeitarbeit GmbH |
| Dez. | 1998 | Bereichsstellenleiter |

## Studium und Berufsausbildung

| Sept. | 1999 | Schule für Kommunikation und EDV, IBM Telekom |
| Febr. | 2001 | Abschluss: Kommunikationstechniker |

| Jan. | 1999 | Australienaufenthalt |
| Aug. | 1999 | |

| Okt. | 1992 | Fachhochschule für Wirtschaft, Hamburg |
| Sept. | 1995 | Abschluss: Diplom-Betriebswirt |

## Schulausbildung

| April | 1977 | Carl-von-Ossietzky-Schule, Hamburg |
| Juni | 1987 | Grund- und Oberschule |

| Aug. | 1989 | Oberstufenzentrum für Wirtschaft, Hamburg |
| Juni | 1990 | Abschluss: Abitur |

| Aug. | 1987 | Austauschschüler in den USA |
| Juli | 1988 | High School in Baltimore/USA |
| | | Abschluss: High School Diploma |

## Weitere Tätigkeiten

| von | 1991 | zur Finanzierung des Studiums Tätigkeiten |
| bis Dez. | 1996 | im Gastronomiebereich sowie Wissenschaftlicher |
| | | Mitarbeiter bei Steuerberater Wilske, Hamburg |

## Engagement und Hobbys

Leitung einer Jugendgruppe im Paritätischen Wohlfahrts-
verband Berlin (Ausbildung zum Jugendleiter)

Golf und Tauchen
Mitglied im Golfclub Hohenkremmen

Berlin, 02.10.2010

**Wie ich wurde, was ich bin**

Meine privaten und beruflichen Aufenthalte in angelsächsischen Ländern,
wie den USA und Australien, prägten nachhaltig meinen Wunsch, in einem
amerikanisch geführten Unternehmen zu arbeiten.

In neun Jahren vielseitiger IBM-Erfahrung, zunächst als Trainee und später
als Gebietsleiter im Vertrieb, konnte ich mir einen sehr guten Überblick
über das Zusammenspiel der verschiedenen Bereiche in einem Unternehmen
erarbeiten. Mit Kundenkontakten auf jeder Ebene, Verkauf und Logistik bin
ich bestens vertraut. Umsatz- und Marketingziele sind für mich persönliche
Herausforderungen, denen ich mich gern und mit hohem Engagement stelle.

Teamgeist, Durchsetzungsvermögen und Lernbereitschaft kennzeichnen mich
ebenso wie meine Fähigkeit, guten Kontakt zu Mitmenschen aufzubauen,
um gemeinsam mit ihnen etwas zu bewegen, zu erreichen.

# Zu den Unterlagen von Stefan Pröll

Ein kurzes, knappes, sehr übersichtliches **Anschreiben** eröffnet den Reigen – leider nur mit der globalen Anrede »Sehr geehrte Damen und Herren«, da ein konkreter Ansprechpartner trotz eines Telefonates nicht ausfindig zu machen war. Wirklich schade, denn was bereits hier zum Ausdruck kommt, hätte umso mehr Gewicht, wenn sich der »personalverantwortliche« Empfänger und Leser persönlich angesprochen fühlen könnte. Immerhin bezieht sich der Kandidat auf ein telefonisches Vorabgespräch mit Herrn Heinrich, um dann auf den Punkt zu kommen: eine gelungene Kurzpräsentation mit vier wichtigen Botschaften: beruflicher Ausbildungshintergrund, Alter und Berufserfahrung, persönliche Eigenschaften, spezielle berufliche Kenntnisse.

Die vorgetragenen Daten zur Gehaltsvorstellung und zum frühesten Eintrittstermin waren in der Anzeige explizit erbeten. Der Kandidat sah keine Chance, sich hier weiter bedeckt zu halten, hat aber dieses Problem kurz und präzise gelöst.

Das **Deckblatt** ist klar und übersichtlich und würde bereits Platz für das Foto bieten. Die präsentierten Angaben sind für Empfänger wie Absender gut gewählt (z. B. Verzicht auf die Anschrift des Empfängers, Weglassen der Telefonnummer des sich bewerbenden Absenders).

Die sich anschließende **erste Seite** mit **Foto**, persönlichen Daten und Resümee überrascht in ihrer klaren, informativen und präzisen Gestaltung. Das ausgewählte Foto wie auch die hier gezeigte Alternative sind sicherlich kontrovers zu diskutieren. Na bitte, wir zeigen Mut …

Die gewählte Überschrift (Resümee) mit Erklärungszeile sowie die drei folgenden Kurztitel der Infoblöcke verführen zum Lesen und sind inhaltlich spannend gestaltet. Als Leser gewinnt man den Eindruck: Da bringt einer wirksame Botschaften rüber! Grafisch sind die Unterlagen exzellent gestaltet, es lässt sich mit kurzem Blick das Wesentliche schnell erfassen. Man wird neugierig auf die folgenden Seiten. Schon jetzt sind die Weichen für den Kandidaten positiv gestellt. Ebenfalls sehr angenehm: die kleine ästhetische Kopfzeile mit Namen und Berufsbezeichnung. Der Leser der Unterlagen weiß also stets, mit wem er es zu tun hat.

Apropos Ästhetik: Wenig Text und viel weiße Seite lassen die Beschäftigung mit den Unterlagen nie schwer oder mühevoll erscheinen. Die geschickte Schrifttype (Arial) und -art (Fettschrift, Groß- und Kleinschreibung) tragen ganz wesentlich dazu bei.

Beim **Lebenslauf** wird mit der Berufspraxis und den neuesten Daten begonnen. Auch hier finden sich wieder alle guten Eigenschaften, die wir auf den vorangegangenen Seiten positiv gewürdigt haben (interessante, präzise Informationen, sehr ästhetisch und damit leicht lesbar präsentiert, also keine Bleiwüste, keine Angst vor dem weißen Papier).

Die nächste Seite informiert über Studium, Berufs- und Schulausbildung und endet mit Informationen zu Engagement und Hobbys. Die Kopfzeile (Name, Beruf, Anschrift) vermittelt nun mehr schon das Gefühl einer »Corporate Identity«.

Die von uns entwickelte »**Dritte Seite**« hat eine recht provokant gewählte Überschrift, die aber durch den folgenden Inhalt gerechtfertigt erscheint. Die Gliederung und die relativ kurzen Absätze machen den Text nicht nur gut lesbar, sie vermitteln die Botschaft auch absolut glaubwürdig. Die hier transportierten Aussagen runden den guten Eindruck des Bewerbers ab und führten übrigens in der Bewerbungsrealität zu einer wahren Flut von Einladungen – mit der Konsequenz, dass sich der Kandidat unter mehreren attraktiven Arbeitsplatzangeboten das interessanteste aussuchen konnte.

Zum Schluss noch eine Frage, liebe Leserin, lieber Leser: Haben Sie bemerkt, dass sich unser Kandidat aus der Arbeitslosigkeit heraus beworben hat?

Zu guter Letzt: Das hier nicht vorgelegte **Anlagenverzeichnis** existiert.

**Alternativbild** zu den Bewerbungsunterlagen von Stefan Pröll. Vergleiche ▶ Seite 71.

**Einschätzung**
Top! Sehr, sehr gut.

**Heinz Dauerwald**                                         Berlin, 19.03.2010

Diplom-Ingenieur für Umwelttechnik
Stillerzeile 55
12587 Berlin (Köpenick)
Telefon: 030 1117989 / 0163 45211
E-Mail: h.dauerwald@yahoo.de


Asian Technik GmbH
z. H. Herrn Dr. Falk
Wagnerstr. 77
12345 Berlin


**Ihre Anzeige vom 13.03.2010 / Projektleitung**


Sehr geehrter Herr Dr. Falk,

aus ungekündigter Position suche ich im Bereich rechnergestützte Verarbeitungstechnik eine
neue Herausforderung.

Die von Ihnen beschriebene Projektleitung entspricht meinen Fähigkeiten und Neigungen.
Auf diesem Sektor verfüge ich bereits über eine mehrjährige Erfahrung und habe verschiedene
Großprojekte in von mir geleiteten Teams nachweislich erfolgreich abgeschlossen.

Meinen beruflichen Werdegang finden Sie in den Unterlagen dokumentiert.
Ich bitte um Verständnis, dass ich meinen jetzigen Arbeitgeber noch nicht nennen möchte.

In einem persönlichen Gespräch – gern vorab zunächst auch telefonisch – würde ich mich
freuen, Ihnen weitere Auskünfte (wie z. B. zu den Aspekten Gehalt und Eintrittstermin) geben
zu können.

Mit freundlichen Grüßen


Anlagen

**Bewerbungsunterlagen**

für die

## ASIAN TECHNIK GMBH

von

### Heinz Dauerwald

Diplom-Ingenieur für Umwelttechnik (TU)

**Heinz Dauerwald**
Diplom-Ingenieur für Umwelttechnik
Stillerzeile 55
12587 Berlin (Köpenick)
Telefon: 030 1117989 / 0163 45211
E-Mail: h.dauerwald@yahoo.de

geboren am 11.03.1966 in Templin
(Uckermark-Kreis)
verheiratet; 3 Kinder

## Meine Kenntnisse, Fähigkeiten und Erfahrungen

Zurzeit im Bereich Zentrale Dienste
für Elektronik, Mechanik, Sensorik, EDV und rechnergesteuerte Verarbeitungsmaschinen

Anwendungsbereite Kenntnisse
in Prozesssteuerung und Automatisierung

Erfahrung beim Aufbau
neuer Organisationsstrukturen und der Realisierung von Projekten

Mehrjährige Erfahrung an Geräten und Anlagen der Prozessanalytik
unter großchemischen Bedingungen

Führungserfahrung,
unter anderem Verantwortung für eine Gruppe von 6 Technikern

Zielorientierte professionelle Arbeitsweise,
insbesondere auch unter erschwerten Arbeitsbedingungen

# Lebenslauf

## Berufspraxis

### 01/1997 bis jetzt

- **Spezialist** für Elektronik, Mechanik, EDV und rechnergesteuerte Verarbeitungsmaschinen (Projektmanagement); Instandhaltung in mittleren Unternehmen der Filmtechnik
- Inbetriebnahme, Wartung und Reparatur vollautomatischer Anlagen der Produktlinien
- Mikrorechnereinsatz in Büro und Produktion/Systemadministration
- Erstellung diverser EDV-Programme für Büroorganisation
- Führungserfahrung (6 Techniker)

### 10/1993 – 12/1996

- **Mitarbeiter** für Prozesssteuerung in der Chemie/EDV, Chemische Werke Leuna, Gruppe Verfahrenstechnik
- Projekt der rechnergeführten Polymerisation zur Qualitätsstabilisierung von Lacken
- Maßstabsübertragung vom Labor über Technikum in Produktionskessel
- Erarbeitung von Wirtschaftlichkeitsanalysen
- Konstruktion eines Reinigungsroboters
- Projektadaptierung und Optimierung verfahrenstechnischer EDV-Programme mit neuen IBM-kompatiblen Rechnern

### 09/1991 – 09/1993

- **Mitarbeiter** für Prozessautomatisierung und Verfahrenstechnik, Chemische Werke Leuna, Abteilung Prozesssteuerung und Automatisierung
- Konzeption und Realisierung multivalent nutzbarer Technikums-Anlagen für organische Spezialprodukte
- Deutliche Ausbeuteerhöhung von Hochpolymeren durch automatische Reaktorsteuerung
- Verbesserung technisch-organisatorischer Abläufe durch Planung, Beschaffung und Einsatzzuordnung von Arbeits- und Betriebsmitteln
- Zusätzliche Profilierung im pädagogischen Bereich: Lehrtätigkeit „Mathematik für Meister-Klassen"

### 09/1988 – 08/1991

- **Fachingenieur** für automatische Analysengeräte, Chemische Werke Leuna
- Erfolgreiches Projektmanagement bei automatischen Analysenmessanlagen für einen neuen Betriebsteil nach kürzester Einarbeitung
- Termingerechte Ablauforganisation und Mängelbeseitigung
- Anleitung und Aufsicht des Wartungspersonals
- Führungserfahrung (5 Facharbeiter)

## Spezialkenntnisse

### 12/1987 – 12/2000

- Verschiedene **Lehrgänge** für die Bereiche:
  Chemische Reaktionskinetik
  Prozessanalyse/Automatisierungstechnik
  Verfahrenstechnische Grundlagen
- Praktische und Projekt-Erfahrung mit der SPS-SIMATIK S 5
- Praktische und theoretische Erfahrungen in der
  Prozessanalytik, Automatisierungstechnik
- Gute **Kenntnisse** im Computer-Operating;
  Systemadministrator für UNIX, Linux, VMS,
  PDP-11/RSX (MOOS 1600), IBM-360/370, VAX/VMS
- Anwendungsbereite **Erfahrungen** der Sprachen:
  C++, FORTRAN, PL/1, TSO, T-PASCAL, BASIC

## Studium und Schule

### 09/1984 – 07/1988

- TH Halle, Fachrichtung Elektrotechnik,
  **Diplom-Ingenieur** für Messtechnik

### 09/1972 – 06/1984

- Besuch der Oberschule, **Abitur**
- **Sprachen:** Englisch, Russisch

## Interessen und Hobbys

- Reisen in Portugal und Spanien, Radfahren, Schwimmen

Berlin, 19.03.2010

## Warum ich mich bewerbe?

Die Fähigkeit zum konzeptionellen Arbeiten und mein Organisationstalent habe ich besonders beim Aufbau einer neuen Abteilung Prozesssteuerung mehrfach unter Beweis gestellt.
Ich bin es gewohnt, selbstständig und im Team zu arbeiten, und weiß, dass meine bisher gezeigte Einsatzbereitschaft und kreative Flexibilität beim Lösen unterschiedlichster Problemfälle erfolgreich war.

Engagement und Belastbarkeit gehören zu meinen Persönlichkeitsmerkmalen. In einem für die Kreativität förderlichen Unternehmensklima konnte ich mit innovativen, kostenbewussten und termingerechten Lösungen überzeugen. Teamkollegen schätzen meine Hilfsbereitschaft und die Fähigkeit, neue Sachverhalte schnell zu erfassen und umzusetzen.

Als praxiserprobter Ingenieur vom Fach beherrsche ich alle „Register", von der Improvisation bis zur Perfektion, in der Verantwortung für die Sicherheit von Technik und Umwelt.

**... um etwas zu bewegen!**

Berlin, 19. März 2010

*Heinz Dauerwald*

## Zu den Unterlagen von Heinz Dauerwald

Nach persönlicher Ansprache erklärt unser Kandidat im **Anschreiben** zuerst seinen Status quo, aus dem heraus er sich bewirbt, um dann auf seine Erfolge und Erfahrungen hinzuweisen. Er bittet um Verständnis, seinen jetzigen Arbeitgeber noch nicht benennen zu wollen. Nicht ungeschickt, insbesondere im letzten Absatz, in dem er anbietet, gern auch vorab telefonisch für weitere wichtige Informationen zur Verfügung zu stehen. Hier endlich wieder einmal ein Beispiel für eine gut »rübergebrachte« Berufsidentität, die dem Personalverantwortung tragenden Leser in vielerlei Hinsicht schnelle Orientierung gibt, mit wem er es zu tun hat. Dabei bleibt das Anschreiben angenehm kurz.

Ein optisch ordentlich komponiertes **Deckblatt** macht neugierig auf die nächsten Seiten. Die sich anschließenden Informationen zur Person des Bewerbers sind gut aufbereitet. Hier gibt es einen idealtypischen Platz für das **Foto**, das angenehm auffällt. Unter der Überschrift »Meine Kenntnisse …« wird dem Leser schnell vermittelt, was diesen Kandidaten besonders interessant macht. Diese erste Auftaktseite ist in mehr als einer Hinsicht gut gelungen.

Im **Lebenslauf** wird die Berufspraxis auf interessante, angemessen ausführliche Weise präsentiert. Auch die Hervorhebungen (Fettdruck) unterstützen beim Lesen. Die gewählte Darbietungsform der Daten (sogenannte amerikanische Version, vom Aktuellen in die Vergangenheit) macht hier einen im höchsten Maße überzeugenden Eindruck. Auch die zweite Seite des Lebenslaufes ist konsequent aufgebaut und verstärkt weiter das sich beim Lesen einstellende positive Gefühl.

Die »**Dritte Seite**« spielt mit der Überschrift, um so eine weitere Botschaft zu vermitteln, die durchaus im Einklang mit den Aussagen im Anschreiben steht. Die ausgewählten Botschaften treffen sicherlich nicht jedermanns Geschmack (ähnlich wie bei Silke Uhland), kommen aber bei technisch orientierten Lesern in der Regel sehr gut an – das zeigen die Praxiserfahrungen im *Büro für Berufsstrategie*.

**Einschätzung**

Gute Unterlagen mit interessanter Gestaltung.

---

| 6. Lektion | Warum ist Ausdauer so wichtig für Ihr Bewerbungsvorhaben? |

Ausdauer gehört sicherlich zu den wichtigsten Faktoren für ein erfolgreiches Bewerbungsvorhaben. Wer zu schnell resigniert, wird seine Ziele niemals erreichen können. Wer hingegen – trotz offensichtlicher Aussichtslosigkeit – zu lange an einer Sache festhält, blockiert sich auf seinem Lebensweg unnötig selber. Erkennen Sie, wann Beharrlichkeit notwendig ist und wann Flexibilität und Neuorientierung. Ziehen Sie sich nach Absagen nicht ins stille Kämmerlein zurück, sondern reden Sie mit anderen darüber. Das Reden ist eine wahre »Seelenreinigung«. Suchen Sie sich in Ihrer Familie und/oder Ihrem Freundeskreis Ihre Seelentröster. Menschen, die zuhören, ohne Sie ständig zu bemitleiden. Stabilisieren Sie Ihr Selbstvertrauen und den Glauben an die eigenen Fähigkeiten. Beachten Sie folgende Merksätze:

1. **Es gibt keinen Ersatz für Beharrlichkeit, Ausdauer und Durchhaltevermögen.**
2. **Es gibt keinen Ersatz für Beharrlichkeit, Ausdauer und Durchhaltevermögen.**
3. **Es gibt keinen Ersatz für Beharrlichkeit, Ausdauer und Durchhaltevermögen.**
   …

# LEBENSLAUF

## Dr. Marion Maron

Geboren am 21. Januar 1968 in Frankfurt am Main

Deutsche und französische Staatsangehörigkeit

Ledig und kinderlos

**1974 – 1987:** Grundschule, Realschule, Gymnasium und Abitur in Frankfurt a. M.

**1987 – 1992:** Studium der Rechtswissenschaften in Göttingen und Tübingen
Abschluss: Erstes Juristisches Staatsexamen

**1993 – 1995:** Studienreferendariat in Hamburg,
unter anderem an folgenden Stationen:

> Landesarbeitsamt in Hamburg
> Jaques & Lewis, Lawyers, London EC4V 4JL
> Handwerkskammer Berlin

**April 1996:** Zweites Juristisches Staatsexamen

**Mai 1996 – Juni 1997:** Reisen durch Süd- und Nordamerika.
Beginn einer rechtswissenschaftlichen Dissertation

**Juli 1997 – September 1997:** Referentin in der Abteilung
Recht und Beteiligungen bei den Stadtwerken in Bremen

**Oktober – November 1997:** Beendigung der Dissertation

**Seit Dezember 1997:** Referentin in der Zentrale der Bundespost
in Frankfurt am Main:

> **bis Juli 2000:** Abteilung Internationale Firmenkontakte, Frankfurt a. M.

> **ab August 2000:** Referentin der Rechtsabteilung der Bundespost in Berlin

**August 1999:** Promotion zum Dr. jur. an der Humboldt-Universität Berlin

**Fremdsprachen:** Französisch und Englisch (fließend)

**Hobbys:** Skifahren, Gartenbauarchitektur, Fallschirmspringen

*Dr. Marion Maron*

# Was spricht für mich?

## Meine Berufserfahrung

- Markt- und Konzeptionsanalysen für Akquisitionen, Sanierungen und Outsourcing spezieller Dienstleistungen

- Durchführung dieser Vorhaben

- Betreuung von Aufsichtsratsmandaten der assoziierten Unternehmen

- Gesellschaftsrechtliche Betreuung von Beteiligungsunternehmen

- Mitentwicklung und -implementierung eines Controlling-Systems für das Direktorat der Deutschen Bundespost in Frankfurt am Main

- Verantwortung für die Liquiditäts- und Ergebnisplanung aller in der Rechtsabteilung der Deutschen Bundespost, Geschäftsstelle Berlin, zu betreuenden Unternehmen

## Meine Arbeitsweise

Meine besondere Stärke ist mein hohes Organisationsvermögen, welches mir ermöglicht, eine Vielzahl von Aufgaben sicher und zeitgerecht zu erfüllen. Zugute kommen mir dabei ein ausgeprägtes Kosten-Nutzen-Bewusstsein und die Fähigkeit, auch ungewohnte Problemlösungen zu finden.

# Verzeichnis der Zeugnisse

Deutsche Bundespost, Geschäftsstelle Berlin

Deutsche Bundespost, Geschäftsstelle Frankfurt am Main

Stadtwerke Bremen

Promotion

Zweite Juristische Staatsprüfung

    Handwerkskammer Berlin

    Jaques & Lewis, Lawyers, London EC4V 4JL

    Rechtsanwalt Ulf Liedtke, Hamburg

    Verwaltungsgericht Hamburg

    Landesarbeitsamt Hamburg

    Landgericht Hamburg

    Staatsanwaltschaft Hamburg

    Amtsgericht Altona

Erste Juristische Staatsprüfung

Allgemeine Hochschulreife

# Zu den Unterlagen von Dr. Marion Maron

Nur aus Platzgründen haben wir hier auf **Anschreiben** und **Deckblatt** verzichtet und konzentrieren uns ganz auf die Kerninhalte der Bewerbungsmappe. Übrigens: Das Anschreiben darf ruhig ganz knapp sein, und ein Deckblatt ist auch nicht immer notwendig.

Der interessante Aufbau mit einem wirklich gelungenen Layout unter der obligatorischen Überschrift **Lebenslauf** beeindruckt besonders durch seine Nüchternheit und die damit einhergehende Kürze (nur eine Seite!). Präzise, ausreichend informativ und alle wichtigen beruflichen Stationen berücksichtigend, setzt er den knappen, minimalistischen Stil des **Deckblattes** konsequent fort, der nur aus dem Namen der Bewerberin bestand (und den Sie hier leider nicht sehen, sich aber bestimmt doch vorstellen können).

Das **Foto** der Bewerberin ist recht klassisch, etwas kleiner im Format und mit angedeutetem Hintergrund. Der »angeschnittene Kopf« fällt kaum auf, macht aber das Foto interessant. Vielleicht sollte die Kandidatin etwas mehr lächeln, aber wer weiß, bei diesem Berufsstand reicht ja vielleicht diese milde Form schon aus. Die mögliche Fotoalternative zeichnet sich durch ein quadratisches Format aus. Welches Foto würden Sie bevorzugen?

Bemerkenswert auch die Konzeption der »**Dritten Seite**«, die absolut brillant getitelt ist. Wer könnte da als Leser widerstehen? Die vermittelten Botschaften verdichten den positiven Eindruck, den man bisher von der Bewerberin aufgrund der schriftlichen Unterlagen, vor allem durch die besondere Darstellungsweise, gewonnen hat.

Auf die Darstellung des **Verzeichnisses** der beigelegten Zeugnisse haben wir an dieser Stelle jedoch nicht verzichtet. Noch ein Hinweis: Sie sollten nicht *alle* je erhaltenen Zeugnisse präsentieren, 15 Stück – wie hier – sind fast zu viel.

### Einschätzung

Eine außergewöhnlich gut gelungene Präsentation auf knappstem Raum.

**Alternativbild.** Vergleichen Sie dazu das **Bewerbungsfoto** auf ▶ **Seite 83.**

**Claudia Loller**

Wilsnacker Str. 10
47619 Krefeld
☎ 03447 379123
📱 0180 779887

Internationale Liegenschaftsbank
Personalabteilung
Frau Bergmann
Wilhelmplatz 6
10100 Berlin

Krefeld, 12.10.2009

Ihre Anzeige vom 03.10. 2009 in der F.A.Z.
Unser Telefonat vom 09.10. 2009

Sehr geehrte Frau Bergmann,

vielen Dank für das informative Gespräch. Das Telefonat hat mein Interesse bestärkt, mich bei Ihnen als Master in Management für die Organisationsentwicklung zu bewerben.

In meiner Abschlussarbeit habe ich mich bereits mit Organisationsentwicklung beschäftigt. Ziel der Arbeit war die Überprüfung des Erfolgs der Einrichtung von Geschäftsbereichen in einem Industrieunternehmen. Dazu analysierte ich die Organisationsstruktur, ermittelte die Kosten und entwarf ein Konzept für die Reorganisation des Vertriebs sowie für die Weiterentwicklung des Controllings.

Auch in meinem übrigen Studium war eine breit angelegte, praxisorientierte Ausbildung für mich maßgebend. Die Bearbeitung von Fallstudien und eine Projektarbeit zur Finanz- und Bilanzplanung ergänzten meine theoretische Hochschulausbildung.

Während meiner Ausbildung zur Groß- und Außenhandelskauffrau sammelte ich intensive praktische Erfahrungen, auch auf dem Gebiet der Kundenbetreuung.

Über eine Einladung zu einem Vorstellungsgespräch freue ich mich.

Mit freundlichen Grüßen

*Claudia Loller*

**Anlagen**

# Bewerbungsunterlagen

# für die Internationale Liegenschaftsbank, Berlin

## Claudia Loller
Diplom-Kauffrau
Wilsnacker Str. 10
47619 Krefeld
Telefon: 03447 379123
Mobil: 0180 779887

# Lebenslauf

**Persönliche Daten**

Claudia Loller

geboren am 02.02.1981 in Baberg/Westfalen

ledig; keine Kinder

**Schulausbildung**

| | |
|---|---|
| 1987 – 1991 | Grundschule in Baberg |
| 1991 – 2000 | Gymnasium in Cloppenburg |

**Berufsausbildung**

07/2000 – 06/2002 Ausbildung zur Groß- und Außenhandelskauffrau

Landwirtschaftliche Bezugs- und Absatzgenossenschaft
Wiesenbach-Scholle e. G. (Umsatz ca. 50 Mio. Euro)

**Hochschulausbildung**

10/2002 – 06/2005 Bachelor-Studium Business Administration
an der Universität Bochum, Abschlussnote 1,3

Studienschwerpunkte:
Unternehmensforschung, Finanzwirtschaft, Organisation

10/2005 – 06/2008 Master-Studiengang International Management

Empirische Master-Abschlussarbeit:
„Kosten-Nutzen-Relation unter dem Aspekt
von Globalisierung und ihre Auswirkung auf die
Organisationsstruktur"

Abschluss:
Master Management, Abschlussnote 1,3

**Weiterbildung**

10/2008 Intensivkurs Business English

Krefeld, 12.10.2009

*[Unterschrift: Claudia Loller]*

# Praktische Tätigkeiten und außeruniversitäre Aktivitäten

| | |
|---|---|
| Sommersemester 2005 | Praktische Bachelor-Abschlussarbeit<br>Finanz- und Bilanzplanung in internationalem<br>IT-Unternehmen |
| Wintersemester 2005/2006 | Fallstudienseminar<br>Bearbeitung von Einzelfallstudien zu Problemen aus<br>Finanzwirtschaft und Controlling |
| 08/2007–04/2008 | Praktische Master-Abschlussarbeit<br>in einem Unternehmen der Zulieferindustrie,<br>Durchführung einer Organisationsanalyse,<br>Kosten-Nutzen-Ermittlung der Deglobalisierung<br>eines Unternehmensbereichs |
| 03/2007–06/2007 | Fremdrechnungsbearbeitung<br>Firma Nixdorf |
| 03/2007–05/2007 | Dozentin<br>Volkshochschule Schloss Holte-Stuckenbrock<br>Thema: Vorbereitung zur Kaufmannsgehilfenprüfung<br>mit dem Schwerpunkt Rechnungswesen |
| 07/2008–11/2008 | Praktikum<br>Control Data Management Consulting GmbH |
| 11/2008–01/2009 | Debitorenbuchhaltung<br>Flor KG Verkaufsgesellschaft |
| 02/2009–07/2009 | Aufenthalt in Australien |

# Besondere Kenntnisse

| | |
|---|---|
| **Fremdsprachen** | Englisch – fließend in Wort und Schrift<br>Französisch – gute Grundkenntnisse |
| **Softwarekenntnisse** | Excel, Word, Datenbankmanagement mit Access<br>und Oracle |
| **Interessen** | Neues französisches Kino<br>Jazzdance |
| **Ehrenamt** | Betreuerin für Jugendfreizeiten der Arbeiterwohlfahrt |

## Zu meiner Person

Zu meinen besonderen Eigenschaften gehört die Fähigkeit, Schwachstellen, aber auch Potenziale schnell zu erkennen und Konzepte kommunikativ im Team zu entwickeln. Gleichzeitig bin ich ein Mensch, der betriebswirtschaftlich sowie allgemein in Gesamtzusammenhängen denkt und mit Weitblick plant.

Weitere Kennzeichen meiner Persönlichkeit sind, offen auf Menschen zuzugehen und Ideen mit Überzeugungskraft und verkäuferischem Talent durchzusetzen.

*Claudia Loller*

# Zu den Unterlagen von Claudia Loller

Ein persönliches **Anschreiben** mit dem üblichen Dank für das Telefonat und einem ansprechenden Briefkopf (wenn auch nicht unbedingt normgerecht) vermittelt in relativer Kürze und gut lesbar alle relevanten Informationen.

Die **Deckblatt**-Gestaltung, die Sie in dieser Art schon kennen gelernt haben, erfüllt ihren Zweck. Sicherlich sehr positiv: das uns freundlich anlächelnde **Foto** (gutes Format, ganz leichter »Anschnitt«).

Überraschend ist der **Lebenslauf**. Das Außergewöhnliche: Er kommt mit einer Seite aus, die in ihrer Gliederung konservativ-klassischen Zuschnitt hat. Die Unterschrift signalisiert den eigentlichen Abschluss und lässt uns mit Spannung auf die nächste Seite umblättern. Hier finden wir als Ergänzung Punkte, die nicht direkt in den Lebenslauf integriert waren (prak-

tische Tätigkeiten, besondere Kenntnisse). Die Kandidatin provoziert damit gezielt eine erneute intensive Auseinandersetzung mit ihrer Person. Vielleicht wird sogar auf die erste Seite zurückgeblättert. Die ausführliche Tätigkeitsbeschreibung jedenfalls ist dazu angetan, einen kompetenten Eindruck zu vermitteln.

Der Text der »**Dritten Seite**« ist gut gelungen. Die Kandidatin hat auch hier unterschrieben.

### Einschätzung
Es handelt sich um interessante Bewerbungsunterlagen mit einem überzeugenden Beispiel für eine gut formulierte Dritte Seite. Hier finden Sie alle guten Argumente in werbepsychologisch geschickter Formulierung.

---

## 7. Lektion          Warum sollten Sie vor der Bewerbung zum Telefon greifen?

Es ist das am häufigsten eingesetzte Kommunikationsinstrument, um Informationen von A nach B zu transportieren. Umso unverständlicher, dass sich viele Bewerber unendlich schwer damit tun, ihren potenziellen Arbeitgeber (»Kunden« oder »Auftraggeber«, dessen Probleme Sie ja lösen wollen) anzurufen. Lediglich 10 Prozent greifen während der Stellensuche zum Hörer. Dabei liegen die Vorteile eines Telefonats klar auf der Hand: Durch einen gut vorbereiteten Anruf können Sie Ihre Kommunikationsfähigkeit unter Beweis stellen. Schließlich suchen die meisten Unternehmen kontaktfreudige und kommunikative Mitarbeiter. So können Sie Interesse wecken und Sympathie für sich gewinnen. Der Faktor Sympathie entscheidet maßgeblich bei der Bewerberauswahl.

**Je häufiger Sie das Telefon in der Bewerbungssituation einsetzen, umso geübter und auch erfolgreicher werden Sie.**

**Peter Bandow, Düsseldorfer Straße 11, 10719 Berlin, Telefon: 030 8812940**

Mayer AG
Personalabteilung
Frau Siering
Kanalstr. 170
16512 Potsdam

Berlin, 01.05.2010

**Initiativ-Bewerbung als Diplom-Ingenieur Elektrotechnik**

Sehr geehrte Frau Siering,

vielen Dank für das freundlich-informative Telefonat. Wie angekündigt, hier meine Bewerbungsunterlagen.

Kurz zu meiner Person:
– Diplom-Ingenieur Elektrotechnik (TFH), 33 Jahre alt,
– Praktikant im Bayer-Technikum Berlin,
– Werkstudent in den Bayer-Bereichen Energieübertragung und -verteilung sowie Übertragungssysteme in Berlin.

Außerdem verfüge ich über Auslandserfahrung und bin gelernter Kfz-Mechaniker.

Zu meinen wesentlichen Persönlichkeitsmerkmalen gehören ein breites Interessenspektrum, ausgeprägte Kommunikations- und Begeisterungsfähigkeit sowie ein hohes Maß an Eigeninitiative und Flexibilität.

Ich strebe einen Einsatz in den Bereichen
– Industrial Engineering,
– Fertigung oder
– Projektierung an.

Über eine Einladung zu einem persönlichen Gespräch freue ich mich.

Mit freundlichen Grüßen

*Peter Bandow*

**Anlagen**

# Bewerbungsunterlagen

für die Mayer AG, Potsdam

Peter Bandow

Diplom-Ingenieur Elektrotechnik

Düsseldorfer Str. 11

10719 Berlin

☎ 030 8812940

📱 0161 789862

✉ pbandow@hotmail.com

# Lebenslauf

## Persönliche Daten

| | |
|---|---|
| Name: | Peter Bandow |
| geboren am: | 27.08.1976 in Koblenz |
| Familienstand: | ledig, ortsungebunden |

## Hochschulbildung

| | |
|---|---|
| 04/2004–06/2007 | Grundstudium an der Technischen Fachhochschule Bremen: Elektrotechnik |
| 08/2008–05/2010 | Hauptstudium mit dem Schwerpunkt Fertigung und den Vertiefungsfächern Fertigungstechnik, Fertigungsmittel, Kosten- und Investitionsrechnung, Industrial Engineering, Materialfluss- und Fabrikplanung, Operations Research |
| 02/2009–07/2009 | Praktisches Studiensemester bei der Bayer AG, Abteilung Technikum, Berlin |
| 11/2009–04/2010 | Diplomarbeit bei Karl Meuser Anlagenbau GmbH, Berlin Thema der Arbeit: Analyse und Projektierung einer Kunststoffschmelzanlage unter besonderer Berücksichtigung sparsamer Energieverwendung Abschluss: Diplom-Ingenieur Elektrotechnik mit der Note „gut" |

## Auslandserfahrung

| | |
|---|---|
| 08/1995–07/1997 | Produktionsmitarbeiter bei Sainsbury in Leeds/England (Verbrauchermarktkette; 15.000 Mitarbeiter) |
| 08/1997–10/1998 | Auslandsaufenthalt in Australien |
| 11/1998–12/2000 | Gruppenleiter der Produktionseinheit für britische Produkte (Maschinenbau) bei Sainsbury Manchester, England |

## Berufsausbildung, praktische Tätigkeiten

| | |
|---|---|
| 08/1992–07/1995 | Ausbildung zum Kraftfahrzeugmechaniker |
| 08/1995–07/1997 | Verschiedene Tätigkeiten als Produktionsmitarbeiter |
| 02/2006–06/2007 | Werkstudent bei Bayer AG, Berlin |

## Schulausbildung

| | |
|---|---|
| 08/1982–06/1992 | Grundschule und Hauptschule in Zeven |
| 09/1992–07/1995 | Ausbildungsbegleitender Besuch der Fachoberschule Maschinen- und Elektrotechnik in Bremen Abschluss: Fachhochschulreife |

| | |
|---|---|
| **Sprachkenntnisse** | Englisch fließend; Niederländisch gut in Wort und Schrift |
| **EDV-Kenntnisse** | Word, Excel, Adobe Director & Flash, CorelDraw, ABC FlowCharter, Turbo Pascal, AutoCAD, CA-Super Project, |
| **Interessen** | Fernöstliche Philosophie und Lean Management, Skifahren, Musizieren (Trompete) |

Berlin, 01.05.2010          *Peter Bandow*

## Zu meiner Motivation

Als Elektroingenieur habe ich ein breites, vielleicht nicht unbedingt typisches Interessenspektrum.

Im Rahmen meines Studiums wählte ich bewusst sehr unterschiedliche Projekte, die hohe Anforderungen an meine Eigeninitiative und Flexibilität stellten. Dabei entwickelte ich die Fähigkeit, mich in kürzester Zeit in Projekte bzw. Prozesse hineinzudenken, um auf der Basis einer fundierten Analyse zielorientierte Konzepte zu entwickeln. Hier hat mir vor allem meine Kommunikations- und Begeisterungsfähigkeit sehr geholfen.

In meiner Arbeit geht es mir weniger um abstrakt wissenschaftliche als vielmehr praktisch anwendbare Konzepte und Lösungen auf dem Hintergrund einer Kosten-Nutzen-Relation. Unternehmerisches Denken und Handeln sind mir gut vertraut.

Trotz großen Interesses an Teamarbeit bin ich auch gern selbstständig tätig, mit einem hohen Maß an Gewissenhaftigkeit und Präzision.

Last but not least: Ich halte mich für gut belastbar und in einem angemessenen Maße für durchsetzungsfähig.

*Peter Bandow*

01.05.2010

# Zu den Unterlagen von Peter Bandow

In dem persönlich adressierten **Anschreiben** wurde die Titelzeile »Initiativ-Bewerbung« gewählt. Der Kandidat stellt sich kurz vor und erklärt, in welchen Bereichen er sich seinen beruflichen Einsatz wünscht. Erneut wird auf ein vorab geführtes Telefonat Bezug genommen. Die inhaltliche wie optische Gestaltung des Anschreibens ist überzeugend. Ein guter Auftakt für eine Initiativbewerbung.

Ein **Deckblatt** mit Foto könnte jetzt den Erwartungseffekt erhöhen. Sie haben bereits genug Beispiele in diesem Buch sehen können. Hier wurde darauf verzichtet.

Alternativ beginnt die Präsentation der **Lebenslauf**-Seiten mit dem **Foto** (leichter Anschnitt, fast quadratisches Format). Die Abfolge der einzelnen Themenblöcke ist interessant gewählt, wenngleich die Zeitschiene dem klassischen Aufbau Vergangenheit – Gegenwart folgt. Eine spannende Mischung von bekannten und neuen Präsentationsformen wird in einem angenehmen Design präsentiert. Die ausgewählten Interessenschwerpunkte lösen wieder einmal viel Neugierde beim Leser aus.

Inhaltlich geht die **Dritte Seite** über die Darstellung der Beweggründe weit hinaus, ist aber geschickt zusammengestellt und suggeriert einen interessanten, kompetenten und wirklich motivierten Bewerber, der neben seinem Hochschulstudium auch noch einiges mehr an Erfahrungen zu bieten weiß.

### Einschätzung

Dies ist eine gelungene Mischung bekannter und neuer Bewerbungsparameter, die als Initiativbewerbung mit einem sehr gut getexteten Anschreiben bestimmt erfolgversprechend ist.

## 8. Lektion    Die neue DIN 5008

Seit September 2006 sind beim Anschreiben folgende formale Neuerungen zu beachten:

▸ Die Leerzeile im Anschriftenfeld, die bisher Name und Straße vom Ort und ggf. auch dem Land getrennt hat, fällt weg. Damit passt sich die DIN 5008 den internationalen Gepflogenheiten an.

▸ Beim Datum gibt es die Möglichkeit zu wählen: Die numerische oder die alphanumerische Schreibweise stehen zur Auswahl. Bei der numerischen dürfen Sie zwischen der numerisch nationalen (26.04.2007) und der numerisch internationalen Variante (2007-04-26) wählen. Auch wichtig: Bei einstelligen Tages- oder Monatsziffern sollte jetzt bei der numerischen Schreibweise immer eine Null vorangestellt werden. Bei der alphanumerischen Schreibweise schreiben Sie den Monat in Buchstaben (26. April 2007).

▸ Telefonnummern werden jetzt in Ortsvorwahl und Anschluss gegliedert. Die Durchwahl wird durch einen Bindestrich von der Hauptwahl getrennt: 0511 1234-567. Bei einer internationalen Nummer wird die Landesvorwahl, z. B. +49, vorangestellt und die Null der Ortsvorwahl weggelassen: +49 511 1234-567.

▸ Zu beachten ist beim Prozentzeichen oder kaufmännischen Und-Zeichen: Da diese Zeichen ein Wort vertreten, werden sie nicht direkt an die Zahl geschrieben, sondern haben ein Leerzeichen dazwischen. Also 16 % statt 16% oder Mayer & Sohn statt Mayer&Sohn.

▸ Postfachnummern werden wie gehabt in Zweierschritten von hinten nach vorne gegliedert (Postfach 1 23).

Beispiele und weitere DIN-Regeln finden Sie in Artikeln der einschlägigen Büro-Fachpresse.

*Katrin Kramer*

*Bahnhofstraße 17*
*63303 Dreieich*
*Tel.: 06707/87934*
*E-Mail: kk@freenet.de*

Franz-von-Assisi-Wohnstift
Frau Charlotte Köster
Kurparkstraße 4
63619 Bad Orb

Dreieich, 13.3.2010

*Initiativbewerbung als Altenpflegerin*

Sehr geehrte Frau Köster,

der ansprechende Internetauftritt und ein Besuch in Ihrem Wohnstift haben mir
eine lebendige Vorstellung von Ihrem Wirken verschafft. Es reizt mich sehr,
als Altenpflegerin bei Ihnen tätig zu werden. Meine Spezialität ist die Betreuung
von alten Menschen, die an Demenz erkrankt sind.

Zu meinem beruflichen Hintergrund: Ich habe über zehn Jahre als Zahnarzthelferin bei Ärzten und in Kliniken gearbeitet. Um meine beruflichen Möglichkeiten
zu erweitern, erwarb ich meine zweite Qualifikation als Altenpflegerin. Schon vor
und während der Ausbildung sammelte ich – neben meinem Praktikum in einem
Hospiz – praktische Erfahrungen im neuen Beruf: als ehrenamtliche Betreuerin
alter Menschen und als Pflegerin meine Mutter, die an Demenz erkrankt war.

Bad Orb ist mir als Urlaubsort meiner Kindheit in sehr angenehmer Erinnerung.
Ich freue mich auf ein persönliches Gespräch mit Ihnen.

Mit freundlichen Grüßen

*Katrin Kramer*

Anlagen

### *Katrin Kramer*

*Bahnhofstraße 17*
*63303 Dreieich*
*Tel.: 06707/87934*
*E-Mail: kk@freenet.de*

## Was ich Ihnen zu bieten habe ...

✓ Ausbildung als staatlich geprüfte Altenpflegerin

✓ Erfahrung mit der Pflege alter Menschen in Kliniken und im familiären Umfeld

✓ langjährige Berufserfahrung im medizinischen Bereich

✓ engagierte Pflege und Motivierung alter und gebrechlicher Menschen

✓ Spezialisierung sowie besonderes Interesse: Pflege von Demenz-Erkrankten

✓ Einfühlungs- und Kommunikationsvermögen

✓ Kooperationsbereitschaft und Organisationsfähigkeit

✓ Bereitschaft, kurzfristig und flexibel zur Verfügung zu stehen

✓ Weltoffenheit und Sprachkenntnisse

# *Lebenslauf*

*Katrin Kramer*

geboren am 5.4.1972 in Frankfurt

unverheiratet, keine Kinder; ortsungebunden

## *Berufsausbildungen*

| | |
|---|---|
| 05/2006 bis 04/2008 | Altenpflegeschule Frankfurt<br>Umschulung „Staatlich anerkannte Altenpflegerin"<br>(Praktikum: Geriatrie-Krankenhaus Thomasius,<br>Darmstadt) |
| 08/1989 bis 07/1992 | Zahnarztpraxis Dr. Körber, Heidelberg<br>Ausbildung: „Zahnarzthelferin" |

## *Berufspraxis als Altenpflegerin*

| | |
|---|---|
| 2000 bis 2005 | Zahnklinik Dahlem, Berlin<br>Schwerpunkte: Praxis-Organisation des Arbeitsablaufs;<br>Anleitung der Helferinnen |
| 1998 bis 2000 | Zahnarztpraxis Dr. Franke, Dr. König, Schwerin<br>Schwerpunkte: Umbau der Zahnarztpraxis |
| 1995 bis 1998 | Zahnarztpraxis Dr. Schiller, Hamburg |

## *Schulausbildungen*

| | |
|---|---|
| 1982 bis 1989 | Realschule in Heidelberg |
| 1978 bis 1982 | Grundschule in Frankfurt |

*Hobbys, Auslandsaufenthalt und Sprachkenntnisse*

Tai-Chi, Squash

ehrenamtliche Altenbetreuerin des Roten Kreuzes

Au-pair-Aufenthalt in Spanien (1992 bis 1994)

Englisch und Spanisch: gute Kenntnisse

*Ich stehe für Fachkompetenz, Flexibilität, Freundlichkeit, Einfühlungsvermögen und Geduld. Meine Berufspraxis und Lebenserfahrung haben mich gelehrt, dass man sich nicht entmutigen lassen darf – Ausdauer wird irgendwann belohnt!*

Dreieich, 13.3.2010

*Katrin Kramer*

# Zu den Unterlagen von Katrin Kramer

Frau Kramer wartet nicht, bis eine für sie passende Stelle ausgeschrieben wird: Sie schreibt eine Initiativbewerbung. Auf diese Weise muss sie nicht mit unzähligen anderen Bewerbern in Konkurrenz treten. Es besteht natürlich die Möglichkeit, dass keine Stelle frei ist. Deshalb erfordert die Initiativbewerbung eine besonders gute Begründung und Ausführung – so überlegt sich der eine oder andere Personalchef vielleicht doch, dass die Bewerberin ganz gut in sein Unternehmen passen könnte.

Frau Kramer ist es gelungen, den Text des **Anschreibens** deutlich auf das Wesentliche zu reduzieren und ihn gut zu gliedern. Sie hat ihren Namen hervorgehoben und die üblichen Angaben daruntergesetzt, inklusive ihrer E-Mail-Adresse. Die Betreffzeile findet die Aufmerksamkeit des Lesers. Die Bewerberin hat den Namen der Ansprechpartnerin – vermutlich aus dem Internet – ermittelt und lobt diese Informationsquelle geschickt im ersten Absatz. Sie weist auf ihre Spezialität (Kernkompetenz) hin, die Pflege von Demenzkranken. Anschließend fasst sie die wesentlichen Aspekte ihrer Qualifikation und Praxiserfahrung zusammen. Im abschließenden Satz bringt sie in angemessener Weise ihr Interesse am Kurort zum Ausdruck.

Frau Kramer hat ihrem **Lebenslauf** ein **Deckblatt** vorangestellt, das ein interessantes **Foto** von ihr mit einem ebenfalls ungewöhnlichen Anschnitt enthält. Die Liste fasst zusammen, was sie dem Wohnstift an Qualifikation, Praxis und sozialen Kompetenzen zu bieten hat – so beweist sie Selbstbewusstsein und Kreativität. Da wir auf dieser Seite schon ihre Adresse finden, ist es in Ordnung, dass sie auf den beiden Seiten des Lebenslaufes nicht nochmals aufgeführt wird.

Ihren beruflichen Werdegang ordnet sie nach dem amerikanischen System: das Aktuelle, in diesem Fall Wichtige, zuerst. Sie schließt hier aber auch ihre Ausbildung zur Zahnarzthelferin ein, weil diese in die gleiche Kategorie gehört. Geschickt löst sie das Problem des abgebrochenen Gymnasium-Besuchs: Sie erwähnt ihn einfach nicht. Bei allen Daten gibt sie die Jahreszahlen vollständig an, ergänzt jedoch die Monate nur in der ersten Kategorie, wodurch bei den folgenden die Lücken unerkannt bleiben. Sehr geschickt! Bei ihrer Berufspraxis als Zahnarzthelferin führt sie Schwerpunkte auf, die ihre Ausrichtung erläutern. Hobbys und weitere Auslandsaufenthalte sowie Sprachkenntnisse sind jetzt zusammengefasst.

Ort, Datum und Unterschrift sind so, wie sie sein sollten. Besonders überzeugend wirkt der hervorgehobene Absatz »Ich stehe für …«, mit dem Frau Kramer nochmals betont, was sie auszeichnet und ihr Lebensmotto darstellt. Im hier nicht gezeigten Anlagenverzeichnis finden sich übersichtlich alle wesentlichen Ausbildungs- und Arbeitszeugnisse. Diese braucht der Empfänger jetzt nicht mehr durchzublättern, sondern kann auf einen Blick erfassen, was an Zeugnissen etc. beigefügt wurde. Nun entscheidet er, was für ihn von Interesse ist. Das erhöht die Bereitschaft, sich mit den Unterlagen zu beschäftigen!

### Einschätzung

Mit dieser Bewerbung wird Frau Kramer sicher unter vielen Kandidaten ausgewählt. Die Praxis hat es längst bewiesen.

Doran Demdic
Badstr. 19
13357 Berlin
Tel. 6773448


August-Müller-GmbH
Müllerstr. 30
13353 Berlin


                                                            Berlin, 18.04.10


Bewerbung als Gas- und Wasserinstallateur
Ihre Stellenausschreibung in der Berliner Morgenpost vom 10.04.10


Sehr geehrter Herr Müller,

vielen Dank, dass Sie sich gestern spontan Zeit für ein persönliches Gespräch
genommen haben. Es hat mein Interesse an der Stelle noch verstärkt.
Wie besprochen schicke ich Ihnen meinen Lebenslauf, ein Foto und Zeugnisse.

Meine Berufspraxis als Gas- und Wasserinstallateur umfasst einschließlich meiner
Ausbildung 12 Jahre bei zwei Firmen, von denen die letzte in Konkurs ging.
Seit zwei Jahren bin ich mit Reparaturaufgaben in der Nachbarschaftshilfe tätig –
es gibt fast nichts, was ich nicht repariere. Meine „Kunden" sind mit dem Ergebnis
und meinem Service sehr zufrieden! In meiner gesamten Berufspraxis hatte ich
Umgang mit verschiedenen Kulturkreisen, vor allem mit Polen und „Jugoslawen".

Selbstverständlich arbeite ich für den Notdienst auch am Abend und Wochenende.
Ich freue mich sehr darauf, ein weiteres Gespräch mit Ihnen zu führen.


Mit freundlichen Grüßen

Doran Demdic

Anlagen

# Lebenslauf

## Persönliche Angaben

Name: Doran Demdic

Adresse: Badstr. 19, 13357 Berlin, Tel. 6773448

Geburt: 09.09.1979 in Belgrad, Serbien

Familienstand: verheiratet, 3 Kinder

Staatsangehörigkeit: deutsch

## Schul- und Berufsausbildung

| | |
|---|---|
| 1985–1991 | Grundschule in Belgrad |
| 1992–1996 | Erich-Kästner-Realschule, Berlin (Hauptschulabschluss) |
| 1996–1999 | Firma Ivanovic, Berlin; Ausbildung zum Gas- und Wasser-installateur |

## Berufspraxis

| | |
|---|---|
| 10/1999–12/2002 | Firma Ivanovic, Berlin<br>Einsatzschwerpunkte: Montage von Heizkörpern |
| 01/2003–12/2007 | Firma Ruchus, Berlin<br>Einsatzschwerpunkte: Beseitigung von Rohrverstopfungen, Abdichtung von Rohren, Armaturen etc. |
| Seit 01/2008 | Sanitär-Reparaturen und andere handwerkliche Tätigkeiten im Rahmen der Nachbarschaftshilfe, vor allem im Familien- und Bekanntenkreis<br>Unterstützung des als Hausmeister tätigen Bruders |

## Fortbildungen

| | |
|---|---|
| 11/2001 | Handwerkskammer Berlin<br>Schweißerlehrgang, Aufbaukurs |
| 03/2008 | Firma Allas, Berlin<br>PC-Grund- und Aufbaukurs |
| 09/2009 | Gögas GmbII, Berlin<br>PC-Tabellenkalkulation |

Kenntnisse und Fähigkeiten

PC-Kenntnisse: MS Office mit Word und Excel

Sprachkenntnisse: fließend Serbokroatisch und Deutsch

Interkulturelle Erfahrungen im Umgang mit Menschen verschiedener Herkunft, vor allem aus Polen und vom Balkan

Führerschein Klasse B

Handwerkliche Universalfähigkeiten, auch Maurer-, Maler- und Tischlerarbeiten

Interessen

Ich treibe aktiv Sport, Marathonlauf und lange Spaziergänge mit meinem Hund

Berlin, 18.04.10

*Doran Demdic*

# Zu den Unterlagen von Doran Demdic

Die Stellenausschreibung in der *Berliner Morgenpost* lautete:

---

**August-Müller-GmbH –
Gas, Wasser, Sanitär**

Im Rahmen der Hausmeisterfunktion für vier Wohnblocks in Berlin-Mitte suchen wir einen jungen, erfahrenen Gas- und Wasserinstallateur zur Ausführung aller Reparatur- und Installationsarbeiten.

Wir erwarten:

- Abgeschlossene Berufsausbildung
- Mehrjährige Berufserfahrung
- Freundliches Auftreten, Kundenorientierung
- Bereitschaft zum Notdienst an Abenden und Wochenenden
- Erwünscht sind interkulturelle Erfahrungen, russische, polnische oder serbokroatische Sprachkenntnisse sowie grundlegende PC-Kenntnisse

**Bewerbungen an: August-Müller-GmbH, Müllerstr. 30, 13353 Berlin**

---

Das **Anschreiben** ist einfach, aber übersichtlich gestaltet. Briefkopf, Datum und Betreffzeile genügen den Anforderungen. Herr Demdic hat sich nicht nur nach dem Ansprechpartner erkundigt, sondern, wie wir im ersten Abschnitt lesen, sogar einen ersten spontanen Besuch gemacht, der sein Interesse verstärkt hat. Daher kann sein Anschreiben kurz ausfallen. Er beschreibt die Berufspraxis sowie seine erfolgreiche »Nachbarschaftshilfe« und erklärt seine Bereitschaft für flexible Arbeitszeiten.

Der **Lebenslauf** macht einen übersichtlichen, strukturierten Eindruck, beginnend mit den persönlichen Angaben. Das freundliche Foto weckt Interesse und Sympathie. Die folgenden Angaben beginnen mit den älteren Daten, also der Schule, da die neuesten

(die Nachbarschaftshilfe) nicht so ins Auge fallen sollen wie eine Anstellung, obwohl auch sie wertvolle Erfahrungen mit sich bringen. In diesem Lebenslauf sind alle notwendigen zeitlichen und örtlichen Angaben enthalten. Gut, dass Herr Demdic die Arbeitsschwerpunkte seiner letzten Stelle angibt und erwähnt, dass er seinen als Hausmeister tätigen Bruder unterstützt – das zeugt davon, dass er weiß, was auf ihn zukommen könnte. Bei den Fortbildungen vergisst er nicht den Schweißerkurs, auch wenn er schon länger zurückliegt, und bezeichnet die PC-Kurse näher. Obwohl schon dies überzeugend klingt, wird es noch durch die Kategorie »Kenntnisse und Fähigkeiten« verstärkt. Seine interkulturellen und serbokroatischen Sprachkenntnisse nimmt man ihm ohne Weiteres ab, ebenso das handwerkliche Allroundtalent. Auch das nun angegebene Hobby wirkt positiv und beeinflusst das Gesamtbild des Bewerbers in die gewünschte Richtung.

### Einschätzung

Mit einem guten Anschreiben und einem schönen, zweiseitigen Lebenslauf, einem ansprechenden Foto und einer sympathischen Freizeitbeschäftigung hat uns Doran Demdic überzeugend vorgeführt, was es bedeutet, erfolgreiche Werbung in eigener Sache zu machen.

Das ist ein wirklich gelungener »Werbeprospekt«. Diese Unterlagen machen neugierig auf den Bewerber, und das führt zu einer Einladung. Genau darauf kommt es an.

Mit seiner Bewerbung hat unser Kandidat

- sein Können (generell und fachlich, Weiterbildung, Sprachkenntnisse),
- seine Leistungsbereitschaft (neben den sauberen Unterlagen z. B. auch in der Sportart) und
- seine Wesensart (helfen, Marathon, Spaziergänge mit dem Hund)

für den Leser ziemlich ansprechend rübergebracht. Das können Sie auch.

# CLAUDIA BERGER

ALEX-STR. 44 A, 67551 WORMS

Stenger KG
Herrn Fred Görner
Hochstr. 3
67547 Worms

Worms, 12.12.2009

## Initiativbewerbung als Bürokauffrau/Sekretärin

Sehr geehrter Herr Görner,

Sie planen, Ihr Team zu verstärken? Ich möchte gerne meinen Teil dazu beitragen!

Meine dreijährige Ausbildung zur Bürokauffrau habe ich im Juni erfolgreich abgeschlossen. Bei mehreren Praktika habe ich mein Können in SAP, Publisher, MS Word und Excel unter Beweis gestellt. Meine soliden Kenntnisse im Sekretariatswesen, in Finanz- und Personalbuchhaltung, Rechnungslegung, Wareneinkauf sowie Lagerhaltung konnte ich mit großer Einsatzfreude anwenden.

In meinem noch recht kurzen Arbeitsleben wurden vor allem meine Freundlichkeit, Zuverlässigkeit, Belastbarkeit und meinen Fleiß sehr geschätzt. Kundenorientierung und ausgeprägtes Teamverhalten haben für mich einen hohen Stellenwert.
Ich bin hoch motiviert, eine neue berufliche Herausforderung anzunehmen.

Sie möchten mehr über mich erfahren?
Dann laden Sie mich zu einem persönlichen Gespräch ein!

Mit freundlichen Grüßen

Claudia Berger

Anlagen

PS: … und noch etwas, ich bin zwar Optimistin, aber …
für den Fall, dass Ihr Unternehmen sich für einen anderen Bewerber entscheidet, verzichte ich bewusst auf die Rücksendung dieser Unterlagen, um Ihnen Kosten und Mühe zu ersparen …

Darf ich davon ausgehen, dass Sie meine Unterlagen dann vernichten? VIELEN DANK!

**Bewerbung**

bei der Stenger KG
Herrn Fred Görner

**CLAUDIA BERGER**

BÜROKAUFFRAU

Alex-Str. 44 A
67551 Worms
Tel. 06241 778 56 31
Clau_Ber@gmx.de

# LEBENSLAUF

Zur Person

Claudia Berger
geboren am 01.09.1988 in Worms
ledig, keine Kinder, ortsunabhängig

## BERUFLICHER WERDEGANG

| | |
|---|---|
| 10/2009 – 11/2009 | **Praktikum als Sekretärin**<br>in der Schieber & Partner GmbH, Worms<br>– Korrespondenz<br>– Terminierung der Berater<br>– Mitarbeit bei Akquise und Werbung |
| 08/2009 | **Praktikum im Sekretariat (Urlaubsvertretung)**<br>bei der Ingrid Solms GmbH, Biblis<br>– Korrespondenz nach Diktat und Phone<br>– Postein- und -ausgang |
| 07/2009 | **Praktikum im Sekretariat (Urlaubsvertretung)**<br>bei der Spengler Immobilien GmbH, Mannheim<br>– Mitarbeit an Informationsbroschüren<br>– Bearbeitung des Zahlungsausgangs<br>– Postein- und -ausgang |
| 02/2007 – 06/2009 | **Ausbildung zur Bürokauffrau**<br>in der Riedwald Unternehmensberatung GmbH, Worms<br>– Rechnungsbearbeitung<br>– Vorbereitende Buchhaltung<br>– Allgemeine Sekretariatsaufgaben<br>– Arbeiten im Personalbereich |

## AUS- UND FORTBILDUNG

| | |
|---|---|
| 01/2006 – 07/2006 | Qualifizierungsmaßnahme „Multimedia" bei der Officetools GmbH, Mannheim<br>– Office-Büro-Anwendungen<br>– Kommunikationsgrundlagen<br>– Internetnutzung |
| 01/2006 | „Rhetorisch überzeugen" Volkshochschule Worms |
| 09/2006 – 12/2006 | Ausbildung zur Kauffrau für Bürokommunikation beim Mehrbold Steuerberatungsbüro, Worms (Abbruch aus betriebsbedingten Gründen) |

## SCHULISCHER WERDEGANG

| | |
|---|---|
| 07/2005 | Realschulabschluss, Note gut |
| 09/1995 – 07/2005 | Grund- und Realschule, Worms |

## KENNTNISSE

| | |
|---|---|
| EDV-Kenntnisse | Buchhalterprogramme: KHK, GOD, Lexware und SAP Word, Excel, Publisher, PowerPoint, Internetumgang |
| Führerschein | Klasse B; Fahrpraxis seit 3 Jahren |

## FREIZEITINTERESSEN

Badminton, Selbstverteidigung, Kino

Worms, 12.12.2009

*Claudia Berger*

# Zu den Unterlagen von Claudia Berger

Zwei Dinge fallen beim Anschreiben sofort auf: Die Briefkopfgestaltung und das Hintergrundbild. Beides sicher Geschmacksache, aber so ein Schreiben legt man nicht ganz so schnell aus der Hand. Insbesondere wenn man das »PS« gelesen hat. Keine schlechte Inszenierung, das beeindruckt und bewegt dann doch den einen oder anderen Empfänger nochmals nachzudenken, ob nicht …

Das **Deckblatt** greift das Hintergrundbild (jetzt in der linken unteren Ecke) erneut auf und enthält nun auch die Daten zur schnelleren Erreichbarkeit per Telefon und E-Mail. Gut so! Ein schönes, interessantes Foto, quadratisches Format, ein außergewöhnlicher Bildausschnitt, stark angeschnitten. Ein Hingucker! Da verweilt das Auge des Betrachters länger … und so entsteht Sympathie!

Der **Lebenslauf**: Die folgenden zwei Seiten enthalten ebenfalls wieder rechts unten das hellgraue Stilelement. Die junge Bürokauffrau hat ihren Lebenslauf »umgekehrt« aufgebaut, also mit den neuesten Daten angefangen, was sich als Standard bei Bewerbungen immer mehr durchsetzt. Das führt zum stärkeren Fokus auf die gerade erst frisch beendeten Praktika, in denen sie (hoffentlich) wertvolle Berufserfahrung gewonnen hat.

Angesichts der geringen Berufspraxis der Bewerberin wäre die klassische Reihenfolge, angefangen mit der Schulbildung, auch okay gewesen, alles Geschmackssache. Unangenehme »Lücken« hat sie einfach weglassen, weil diese nur bis zu drei Monate umfassen und daher nicht extra erwähnt werden müssen.

Der Hinweis auf drei Jahre Fahrpraxis ist zwar unüblich, aber bei diesem Alter durchaus passend, vor allem, wenn es sich um eine »Mädchen für alles«-Position handelt. Ihre Hobbys verstärken das Bild einer vielseitigen, aktiven jungen Frau. Nicht schlecht …

## Einschätzung

Eine recht gut gelungene Initiativbewerbung, die aber auch als normale Bewerbung auf eine ausgeschriebene Position einzusetzen wäre.

## 9. Lektion    Wie Sie Stellenanzeigen richtig einschätzen

Mit Stellenanzeigen, egal ob in den Printmedien oder im Internet, werben Unternehmen um Aufmerksamkeit und um Mithilfe bei der Lösung von Problemen. Traditionell finden sich Stellenangebote im Anzeigenteil fast aller deutschen Tageszeitungen sowie im Internet. Daneben sollten Sie die branchenspezifischen Fachblätter nicht aus den Augen verlieren.

Lassen Sie sich als Anfänger und Einsteiger weder blenden noch zu schnell von Anzeigenformaten und ausführlichsten Anforderungen entmutigen. Hier gilt das Gleiche wie für Sie als Bewerber: Ein »schlechter« Text bedeutet nicht automatisch eine »schlechte« Firma bzw. Aufgabe und umgekehrt, ein »guter« Text ist keine Garantie, dass die Arbeitswirklichkeit auch so aussieht.

**Wichtig ist es, zu ergründen, was der Stellenausschreiber wirklich möchte. Oftmals weiß er/sie das aber selber nicht ganz so genau. Ein Telefonat kann helfen.**

**ROLF MEYER**
Quentinufer 67
32052 Herford
Tel. 05221 3456529

Autohaus Kogel
Herrn Volker Benjamin
Im Schiernholz 8
32049 Herford

Herford, 30. Oktober 2009

Sehr geehrter Herr Benjamin,

ich möchte Sie gern auf jemanden aufmerksam machen: auf mich.

Wer ich bin?

Rolf Meyer, 50 Jahre alt und ein engagierter und erfahrener KFZ-Schlosser.

Was will ich?

Einen Arbeitsplatz in Ihrem Unternehmen, das ich bereits als Kunde kennen und sehr schätzen gelernt habe. Gern würde ich hier meine Stärken wie Präzision, Geschicklichkeit und Selbstständigkeit einsetzen.

Was ich kann?

Ich biete Ihnen langjährige Erfahrung mit den verschiedensten Fahrzeugtypen: VW/Audi, Ford, Volvo und Mercedes. Die Reparatur und Wartung von LKWs gehört auch zu meinem Repertoire, ebenso wie der Führerschein Klasse II. Außerdem bringe ich gute Kenntnisse der hydraulischen, pneumatischen und elektronischen Systeme und Anlagen mit. Eine permanente Fortbildung ist mir sehr wichtig. Daher habe ich verschiedene Schweißerlehrgänge besucht und erfolgreich abgeschlossen. Ich arbeite gern im Team, bin aber dank meines Organisationstalentes und großer Flexibilität auch in der Lage, eigenverantwortlich zu agieren.

Gern sende ich Ihnen weitere Unterlagen zu. Selbstverständlich stehe ich jederzeit für ein persönliches Gespräch zur Verfügung.

Mit freundlichen Grüßen

Rolf Meyer

## Zu den Unterlagen von Rolf Meyer

Als Erstes fällt der interessant »komponierte« Briefkopf auf. Die grafische Gestaltung mit dem grauen Kasten findet ihre Wiederholung im quadratischen Foto, beide Elemente ergänzen sich gut. Dies ist wirklich eine schöne Idee.

Der Kandidat muss über die Firma Erkundigungen eingeholt haben, denn er kann den verantwortlichen Ansprechpartner in Anschrift und Anrede benennen. Dann folgt ein sehr selbstbewusster Einleitungssatz und das Foto. Der Hauptteil des Schreibens ist durch drei selbst gestellte, kurze und klare Fragen gegliedert, die auf der rechten Seite in prägnanter Form beantwortet werden.

Der Bewerber versteht es, für sich in dieser sehr komprimierten Form zu werben. Der Leser wird neugierig und möchte sicherlich mehr erfahren. Die Kurzbewerbung endet auch mit dem Hinweis, dass der Kandidat gern weitere Unterlagen zusendet. Diese Anmerkung ist bei solch einer Bewerbung unabdingbar.

Wenn auch nur ein kleines Fotoformat, so ist das **Foto** doch ansprechend und interessant. Die Bewerbung wäre bestimmt noch erfolgreicher, wenn der Kandidat nicht lächeln würde wie Mona Lisa.

### Einschätzung

Eine insgesamt gute und einfallsreiche Kurzbewerbung. Auf einer Seite weiß der Bewerber seine Stärken herauszuarbeiten

---

**10. Lektion**    ## Warum Sie auch auf Initiativbewerbungen setzen sollten

Experten gehen davon aus, dass etwa 15 bis 25 Prozent aller Arbeitsplätze über eine Initiativbewerbung erobert werden. Personalchefs interpretieren diese Form des Vorgehens als Hinweis auf eine starke Motivation und zielorientiertes, aktiv-dynamisches, erfolgsorientiertes Vorgehen. Logisch, dass solche Bewerber bevorzugt werden, wenn es die Stellensituation zulässt.

Das entscheidende Kommunikationsziel bei der Initiativbewerbung ist das gekonnte Beantworten der Frage, warum man sich gerade für dieses spezielle Unternehmen interessiert und was man Besonderes anzubieten hat. Natürlich sind das Aspekte, die es bei jeder Bewerbung inhaltlich auszufüllen gilt, bei einer Initiativbewerbung ist dies jedoch eine ganz besondere Herausforderung, denn es kommt darauf an, einen vielleicht noch gar nicht erkannten Bedarf zu wecken.

**Jede Bewerbung, speziell die Initiativbewerbung, verlangt, Werbung in eigener Sache zu machen. Ihre zentralen Botschaften sollten Auge, Herz und Verstand des Lesers und Entscheiders in kürzester Zeit erfolgreich und überzeugend erreichen und den unbedingten Wunsch auslösen, Kontakt mit Ihnen aufzunehmen.**

• • • • • • • • • • Bewerbung • • • Koordinatorin • • • • • • • • • •

Sandra Meiner
Möllegatan 4
21420 Malmö/Schweden

Nordlicht Sprachreisen GmbH                                      Malmö, 10.01.2010
Frau Dr. Sylvia Engel
Weidendamm 16
21109 Hamburg

Sehr geehrte Frau Dr. Engel,

die auf Ihrer Homepage ausgeschriebene Position        Besonderes Kommunikationsvermögen, Belast-
hat meine besondere Aufmerksamkeit erregt,             barkeit und Organisationstalent haben mir Kollegen
da ich gerade eine neue berufliche Herausforderung     und Vorgesetzte häufig bestätigt. Auf Grund meiner
in einem nordeuropäischen Umfeld suche.                guten Englisch- und Schwedischkenntnisse kann
                                                       ich auch mit Norwegern und Dänen kommunizieren.
Ihre Anforderungen erfülle ich durch sechsjährige
Berufspraxis bei internationalen Austausch-            Ich freue mich sehr auf die Gelegenheit, mich
organisationen. Regionaler Schwerpunkt meiner          persönlich mit Ihnen auszutauschen.
derzeitigen Tätigkeit ist Schweden. Als Programm-
Koordinatorin bin ich für den gesamten Ablauf der      Mit freundlichen Grüßen
Programme verantwortlich, wobei der Schwerpunkt
in der Kundenbetreuung liegt. Meine frühere
Tätigkeit als Exportassistentin sowie das Studium      *Sandra Meiner*
der europäischen BWL stellten dafür ausgezeichnete
Voraussetzungen dar.
                                                       Anlagen


• • • • • • • • • Lebenslauf • • • Sandra Meiner • • • • • • • • • •

Sandra Meiner
Möllegatan 4
21420 Malmö/Schweden
Tel. 0046 40 755 99 31
E-Mail: sandra-meiner@hotmail.com
geb. 10.01.1975 in Brome, ledig

**Berufliche Erfahrungen**

04.2008 – 03.2010  DEE Exchange EU GmbH, Malmö        03.2004 – 12.2007  DAAD, Berlin

                   **Programm-Koordinatorin**                           **Assistentin des Geschäftsführers**
                   (Schwangerschaftsvertretung)
                                                                        Organisation, Beratung von
                   • Beratung von Bewerbern für                         Kunden, Vertragsgestaltung
                     Austauschstudien in Schweden                       und -abwicklung

                   • Organisation und Durchführung
                     von Vorbereitungs-Workshops       08.1996 – 12.2002  Inger Lloyd, Bremerhaven

                   • Kontakt mit deutschen und                          **Exportassistentin**
                     schwedischen Universitäten
                                                                        Verkaufsabwicklung, Kontrolle
                   • Konferenzen, Berichte und                          des Zahlungsverkehrs, Kunden-
                     Statistiken                                        betreuung

## Ausbildung

| | |
|---|---|
| 10.2007–03.2008 | Schwedisch- und Englischkurse Sprachenatelier Berlin |
| 1996–1999 | Diplom (FH) Europäische BWL Europäische Fernhochschule Hamburg |
| 1996 | Fachhochschulreife Abendgymnasium Bremen |
| 1991–1994 | Abgeschlossene Ausbildung zur Außenhandelskauffrau, Bremerhaven |
| 1991 | Realschulabschluss, Brome |

## Auslandsaufenthalte

| | |
|---|---|
| seit 06/2008 | Schweden: Berufstätigkeit mit Sprachpraxis |
| 01.–11.2003 | Schweden, Dänemark, Norwegen: Jobs, Familienbesuche, Sprachpraxis |
| 07.–10.1999 | Großbritannien: Reisen, Sprachpraxis |

## Sprachkenntnisse

| | |
|---|---|
| Englisch | verhandlungssicher |
| Schwedisch | fließend |
| Französisch | Grundkenntnisse |

## EDV-Kenntnisse

| | |
|---|---|
| Bürosoftware | MS Word, Excel, Access, Outlook, Project, Power Point |
| Internet | Internet Explorer, Dream Weaver |

## Freizeitinteressen

| | |
|---|---|
| Kultur | Kino, Straßenfeste, Off-Kultur |
| Sport | Badminton, Windsurfen |

Malmö, 10.01.2010

*Sandra Meiner*

---

• • • • • • • • • Anlagen • • • Sandra Meiner • • • • • • • • •

## Arbeitszeugnisse

| | |
|---|---|
| DEE Exchange EU GmbH, Malmö | **Programm-Koordinatorin** (Zwischenzeugnis) |
| DAAD, Berlin | **Assistentin des Geschäftsführers** |
| Inger Lloyd, Bremerhaven | **Exportassistentin** |

## Ausbildungszeugnisse

| | |
|---|---|
| Europäische Fernhochschule Hamburg | **Diplom (FH) Europäische Betriebswirtschaftslehre** |
| Abendgymnasium Bremen | **Fachhochschulreife** |
| Themann & Söhne Export Gmbh, Bremerhaven | **Ausbildung zur Außenhandelskauffrau** |

## Referenzen

| | |
|---|---|
| DEE Exchange EU GmbH | Sven Nyberg (Geschäftsführer) Carl Gustafs väg 20 21420 Malmö/Schweden Tel. 0046 40 9323 1298 E-Mail: sven@dee.exchange.com |
| Deutscher Akademischer Austausch Dienst DAAD | Dr. Arno Hinz (Referatsleiter) Markgrafenstraße 37 10117 Berlin Tel. 030 204 12 674 E-Mail: drarnohinz@daad.de |
| Ev. Markusgemeinde | Henriette Calau (Pfarrerin) Lange Straße 4 27580 Bremerhaven Tel. 0471 44 92 45 |

# Zu den Unterlagen von Sandra Meiner

Sandra Meiner hat für ihre Bewerbung das A4-Querformat gewählt, garantiert ein Hingucker! (Wir präsentieren Ihnen die Bewerbung verkleinert.) Die Bewerberin beginnt ihr **Anschreiben** mit einer zartgrauen Linie größerer Punkte, in die sie den Zweck dieses Briefes integriert hat (statt Betreffzeile). Der zweispaltige Druck ist gut lesbar und wirkt professionell. In wenigen, gut formulierten Sätzen legt Frau Meiner überzeugend dar, warum sie eine wirklich geeignete Kandidatin ist. Für die Qualifikation von besonderer Bedeutung sind ihre Sprachkenntnisse, weshalb sie diese bereits im Anschreiben näher ausführt. Ihr letzter Satz zeugt nicht nur von gesundem Selbstbewusstsein, sondern knüpft in der Wortwahl auch an ihren Arbeitsbereich an.

An das ungewöhnliche Format hat sich das Auge immer noch nicht richtig gewöhnt, da erblicken wir das Foto der Kandidatin auf der ersten Seite des **Lebenslaufs**. Lächelt Sie Ihnen zu viel?

Die warnende Alternative (unten links) ist hier nur zu Demonstrationszwecken wiedergegeben. So geht es überhaupt nicht! Vielleicht gefällt Ihnen eines der anderen beiden Motive besser.

Im Lebenslauf wird die gepunktete Linie vom Anschreiben aufgenommen sowie ein Foto im Querformat integriert. Durch Angaben im ersten Block ihrer Berufspraxis signalisiert Frau Meiner, dass ihre Stelle befristet und sie deshalb besonders motiviert ist, etwas Neues zu finden. Wie es für die Seitenaufteilung vorteilhaft ist, erläutert sie diese aktuelle Stelle wesentlich detaillierter als die vorherigen. Bei ihren beruflichen Stationen gibt sie den Arbeitgeber zuerst an, betont aber ihre Tätigkeit durch Fettschrift. Auf der zweiten Seite finden wir Informationen zu Ausbildung, wichtigen Auslandsaufenthalten sowie zu Kenntnissen und Interessen.

Die beiden Spalten des **Anlagenverzeichnisses** sind aufgeteilt nach Arbeits- und Ausbildungszeugnissen sowie Referenzen. In diese – international übliche – Auskunftsmöglichkeit schließt Frau Meiner nicht nur Arbeitgeber, sondern auch eine Pfarrerin ein. Damit lässt sie Rückschlüsse auf ihre Konfessionszugehörigkeit zu, die zwar in Bewerbungen nicht erfragt werden darf, aber als Aussage über Wertvorstellungen durchaus ihre Berechtigung haben kann.

### Einschätzung
Diese Bewerbung vereint kreative optische Anreize, inhaltliche Argumente und einen übersichtlichen Aufbau. Sie wird einen oberen Platz im Bewerbungsstapel einnehmen!

**Warnende Alternative.** Vorsicht! Nur zu Demonstrationszwecken.

**Alternativbilder.** Vergleichen Sie dazu das **Bewerbungsfoto** auf ▶ Seite 116.

**Ein Buch ist immer so**
**spannend wie sein Cover …**

**… und welche Bewerberin**
**steckt hinter diesem Gesicht?**

Zugeklappt

**Sehr geehrte Frau Seeger,**

hinter diesem Gesicht steckt
**Manuela Veltin,**
die sich heute bei Ihnen um eine
**Ausbildung**
**zur Buchhändlerin**
bewerben möchte.
(Bitte weiterblättern …)

*Hannover, 5. Februar 2010*

*Wenn Sie Interesse an meiner*
*ausführlichen Bewerbung haben,*
*verwenden Sie bitte diese Antwortkarte.*
*Vielen Dank!*

→

Einmal aufgeklappt

---

Name, Vorname

Betrieb

PLZ, Ort

Telefon

**Ja, ich möchte gerne mehr über**
**Manuela Veltin erfahren!**

☐ Bitte senden Sie mir eine
Kurzbewerbung
(Anschreiben + Lebenslauf)
☐ Eine komplette Bewerbungsmappe

Manuela Veltin
Welfengarten 10
30156 Hannover

Bitte
ausreichend
frankieren

---

**Sehr geehrte Frau Seeger,**

hinter diesem Gesicht steckt
**Manuela Veltin,**
die sich heute bei Ihnen um eine
**Ausbildung**
**zur Buchhändlerin**
bewerben möchte.
(Bitte weiterblättern …)

*Hannover, 5. Februar 2010*

*Wenn Sie Interesse an meiner*
*ausführlichen Bewerbung haben,*
*verwenden Sie bitte diese Antwortkarte.*
*Vielen Dank!*

→

**Manuela Veltin**    Welfengarten 10
30156 Hannover
☎ 0511 45 68 96
@ veltin@web.de

**Persönliche Daten**

Geboren:    am 26. April 1994
in Hannover
Eltern:    Ralf Veltin, Lehrer
Dorte Veltin, geb. Maier,
Bibliothekarin

**Schulbildung**

Grundschule    2000–2004
Realschule    seit 2004
Abschluss:    Sommer 2010
Lieblingssprachen:    Englisch, Französisch

**Außerschulische Interessen**

Kenntnisse:    Schreibmaschine,
MS Office
Hobbys:    englische Kriminal-
romane, Ballett,
Feldhockey

**„Bücherwurm", „Leseratte" …**

sehr verehrte Frau Seeger, mit diesen
Spitznamen werde ich schon seit meiner
frühesten Kindheit bedacht. Genau gesagt,
seit ich das Lesen gelernt habe. Denn mit
diesem Tag hat sich für mich die faszinie-
rende Welt der Bücher geöffnet.

Im Deutschunterricht konnte ich seitdem
die wichtigsten Werke der deutschen
Literatur und einige französische Bücher
kennenlernen.

Aber nicht nur das Lesen, auch der Umgang
mit Büchern fasziniert mich. Oft besuche
ich meine Mutter, die Bibliothekarin ist,
an ihrem Arbeitsplatz und genieße die
Atmosphäre zwischen den Bücherregalen.

Mein größter Wunsch ist es, den Beruf
der Buchhändlerin zu erlernen. Ich kenne
Ihre Buchhandlung schon lange als Kundin
und möchte sehr gerne als Auszubildende
bei Ihnen lernen.

Ich freue mich, wenn Sie mir die Möglichkeit geben, Sie in einem Gespräch persönlich kennenzulernen.

Mit freundlichen Grüßen,

*Manuela Veltin*

Flyer komplett aufgeklappt

# Zum Bewerbungsflyer von Manuela Veltin

Das durchgehende Spruchband am oberen Rand lässt den Leser keine Minute vergessen, um was es geht: um einen Ausbildungsplatz im Buchhandel. Das ist offensichtlich Manuelas Herzenswunsch, sonst hätte sie nicht einen so engagierten und mit allen Schikanen ausgestatteten Flyer hergestellt. (Sie kennen das Format durch Werbung in Ihrem Briefkasten, hier verkleinert.) Die Empfängerin sieht schon jetzt, dass sie per vorgefertigter Antwortkarte ganz unkompliziert die vollständigen Unterlagen anfordern kann.

Nach einem unterhaltsamen kurzen Einstieg mit Foto und Frage spricht Manuela Veltin die Empfängerin direkt an. Der Lebenslauf, den sie eingefügt hat, ist sogar vollständig, und auch das Anschreiben ist kaum kürzer als ein richtiges. Mit einer etwas kleineren Schriftgröße (10 Punkt) ist so etwas möglich. Kleiner sollte es allerdings nicht werden, sonst können Sie gleich eine Lupe mitschicken (und diese Kreatividee käme sicherlich nicht so gut an!).

**Einschätzung**

Ein sehr gut gestalteter Flyer, der alle wichtigen Informationen enthält und die Kontaktaufnahme erleichtert. Vielleicht ist so etwas auch für Sie vorstellbar?

# Die Profilcard von Lena Reiner

**Reisen bildet**

... und gute Reisekaufleute werden von Ihnen ausgebildet!

**Lena Reiner** – mein Name

**Reisekauffrau** – mein Ziel

Meine Profilcard – für Sie!

**Info zu meiner Person – auf der Rückseite**

**Person**

geb. am 11.08.1994 in Frankfurt •
Schulabschluss 06/2010: Mittlere Reife •
Lieblingsfächer: Erdkunde, Englisch •
Hobbys: Segeln, Volleyball •

**Persönliches**

aufgeschlossen, freundlich •
aufmerksam, kommunikativ •
sprachbegabt, humorvoll •

Ich freue mich sehr, wenn Sie meine vollständige Bewerbung anfordern:

Raiffeisenstr. 2, 24148 Kiel
Tel. 0431 272 44 11 – lena@mail.de
www.lena-reiner.de

Diese Bewerberin interessiert sich für eine Ausbildung zur Reisekauffrau und geht auf eine große Reisemesse. Weil Sie nicht glaubt, hier gleich ihre Bewerbungsmappe übergeben zu dürfen, hat sie sich für die Profilcard entschieden und freut sich nun, wenn sie diese einem interessanten Gesprächspartner überreichen kann. Das ist angemessen und wird sicher goutiert. Die Profilcard enthält alle nötigen Daten, und die Bewerberin hat darüber hinaus noch ein passendes Motto und ihre wichtigsten Stärken eingebaut. Das wirkt nicht überladen und gibt der Karte eine besondere persönliche Note.

Bitte glauben Sie jetzt nicht, so etwas wäre vielleicht nur für Ausbildungsplatzsucher einsetzbar. Auch als gestandener Berufsvertreter können Sie in vielen Branchen mit einer Profilcard prima punkten!

**Unsere Empfehlung**

Tragen Sie ab jetzt stets ein paar Profilcards in Ihrer Jackentasche. Bewerbungssituationen kommen manchmal ganz plötzlich und unerwartet.

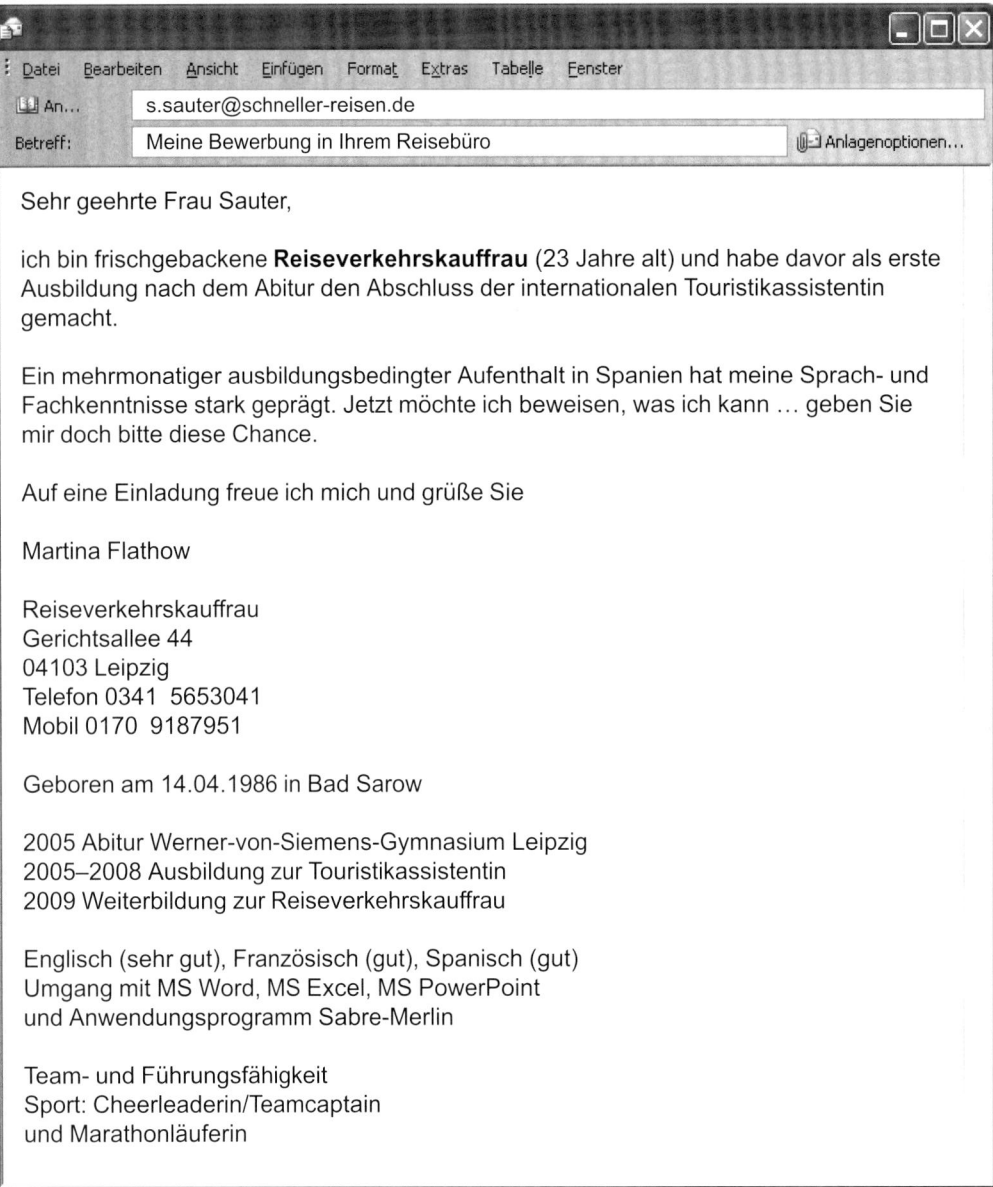

Datei  Bearbeiten  Ansicht  Einfügen  Format  Extras  Tabelle  Fenster

An...  s.sauter@schneller-reisen.de

Betreff:  Meine Bewerbung in Ihrem Reisebüro  Anlagenoptionen...

Sehr geehrte Frau Sauter,

ich bin frischgebackene **Reiseverkehrskauffrau** (23 Jahre alt) und habe davor als erste Ausbildung nach dem Abitur den Abschluss der internationalen Touristikassistentin gemacht.

Ein mehrmonatiger ausbildungsbedingter Aufenthalt in Spanien hat meine Sprach- und Fachkenntnisse stark geprägt. Jetzt möchte ich beweisen, was ich kann ... geben Sie mir doch bitte diese Chance.

Auf eine Einladung freue ich mich und grüße Sie

Martina Flathow

Reiseverkehrskauffrau
Gerichtsallee 44
04103 Leipzig
Telefon 0341  5653041
Mobil 0170  9187951

Geboren am 14.04.1986 in Bad Sarow

2005 Abitur Werner-von-Siemens-Gymnasium Leipzig
2005–2008 Ausbildung zur Touristikassistentin
2009 Weiterbildung zur Reiseverkehrskauffrau

Englisch (sehr gut), Französisch (gut), Spanisch (gut)
Umgang mit MS Word, MS Excel, MS PowerPoint
und Anwendungsprogramm Sabre-Merlin

Team- und Führungsfähigkeit
Sport: Cheerleaderin/Teamcaptain
und Marathonläuferin

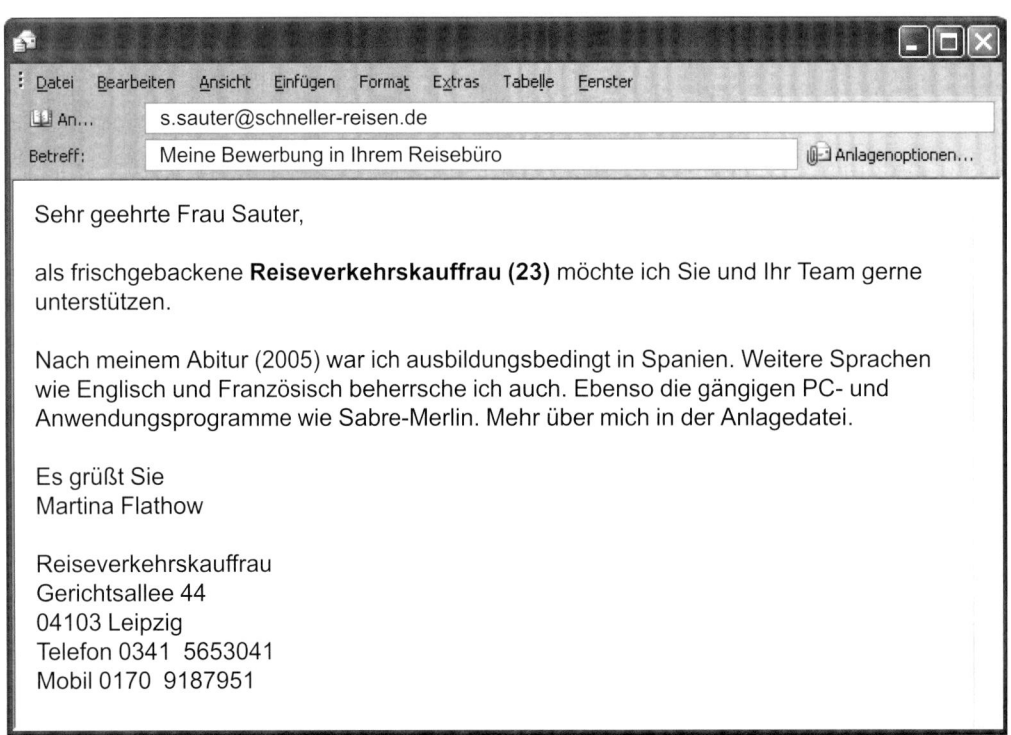

Datei  Bearbeiten  Ansicht  Einfügen  Format  Extras  Tabelle  Fenster

An...  s.sauter@schneller-reisen.de

Betreff:  Meine Bewerbung in Ihrem Reisebüro  Anlagenoptionen...

Sehr geehrte Frau Sauter,

als frischgebackene **Reiseverkehrskauffrau (23)** möchte ich Sie und Ihr Team gerne unterstützen.

Nach meinem Abitur (2005) war ich ausbildungsbedingt in Spanien. Weitere Sprachen wie Englisch und Französisch beherrsche ich auch. Ebenso die gängigen PC- und Anwendungsprogramme wie Sabre-Merlin. Mehr über mich in der Anlagedatei.

Es grüßt Sie
Martina Flathow

Reiseverkehrskauffrau
Gerichtsallee 44
04103 Leipzig
Telefon 0341  5653041
Mobil 0170  9187951

# LEBENSLAUF

Martina Flathow
Reiseverkehrskauffrau

Gerichtsallee 44, 04103 Leipzig
Tel: 0341  5653041
Mobil: 0170  9187951

geboren am 14.04.1986 in Bad Sarow
unverheiratet, keine Kinder, ortsungebunden

## Schul- und Berufsausbildung

| | |
|---|---|
| 1993–2005 | Abitur am Werner-von-Siemens-Gymnasium Leipzig |
| 2005–2008 | Ausbildung zur Staatl. Geprüft. Intern. Touristikassistentin an der Berufsfachschule für Wirtschaft in Borna |
| 2009 | Weiterbildung zur Reiseverkehrskauffrau bei der Akademie für Wirtschaft und Verwaltung in Dresden |

## Berufserfahrung

| | |
|---|---|
| 2006 | Praktikum im 5-Sterne-Hotel Melia Sancti Petri in Spanien |
| 2007 | Praktikum im Reisebüro Suntours in Lindenthal/Leipzig |

## Fähigkeiten

Fremdsprachen in Wort und Schrift: Englisch (sehr gut), Französisch (gut), Spanisch (gut)

Computerprogramme: Sabre-Merlin, MS Office

Führerschein Klasse B

Team- und Führungsfähigkeit

## Interessen und Hobbys

Teamcaptain der Cheerleader der American Footballmannschaft Leipzig Lions, Marathonläuferin

Leipzig,  01.10.2009

*Martina Flathow*

# Zur E-Mail-Bewerbung von Martina Flathow

## Variante 1

Kurz und treffend – direkt in der E-Mail-Maske sind **Anschreiben** und die wichtigsten **Lebenslauf**-Daten. In wenigen Zeilen wird hier beim Leser Interesse an der Bewerberin geweckt. Die persönliche Ansprache sorgt ebenfalls dafür, dass dieses Angebot wahrgenommen wird.

Die Absenderadresse kommt wie bei E-Mails üblich ans Textende. In diesem Beispiel geht es aber noch mit einem Mini-Lebenslauf weiter. Eine sehr gute Idee! Er rundet das positive Bild einer interessanten Bewerberin ab.

Mehr Umfang muss nicht sein bei der ersten Kontaktaufnahme. Keine weiteren Anlagen, die eingescannt und mitgeschickt werden. Wichtig jedoch vielleicht noch der Hinweis, dass man gerne mehr an Unterlagen auf Wunsch vorlegt. Vorab oder bei der ersten persönlichen Begegnung.

## Variante 2

Der Text ist sehr gut! Selbst mit einigen wenigen Zeilen kann es gelingen, eine erste wichtige Botschaft zu vermitteln.

Dafür ist jetzt aber eine Anlage notwendig. In dem beigefügten Anhang befindet sich in einer Datei der Lebenslauf und eventuell das letzte Arbeits- oder Ausbildungszeugnis. Möglich wäre auch jeweils eine Extradatei, um beide Texte getrennt anzubieten. Sehr viel Sinn macht das aber nicht. Warum also nicht beide Dokumente in einer Datei versenden?

## Anlage: Lebenslauf (z. B. als PDF)

Dieser Lebenslauf ist kaum anders als die Version, die in einer Bewerbungsmappe per Post verschickt wird. Vielleicht versucht man, den Umfang auf dem elektronischen Weg ein wenig kürzer zu halten. Der Aufbau ist klassisch-konservativ, aber nicht langweilig. Die Original-Unterschrift wurde eingescannt – sehr gut!

Im Anschluss an den Lebenslauf könnten auch Zeugnisse folgen – im gleichen Dokument oder als Extradatei. Aber nicht zu viele, zwei, drei, mehr möchte kein Mensch lesen, für's erste!

Eine Besonderheit: die Berufsbezeichnung unterhalb des Namens. (Könnte auch daneben platziert sein.) So werden sofort Informationen vermittelt, sehr schön.

## 11. Lektion    Welche Bedeutung hat das Internet bei der Bewerbung?

Eine extrem große. Viele Großunternehmen setzen bereits heute ausschließlich auf Onlinebewerbungen. Und auch immer mehr kleinere und mittlere Firmen nutzen nicht nur Printmedien, um ihre Stellenangebote zu veröffentlichen, sondern vor allem das Internet. Neben vielen nützlichen Informationen über das Unternehmen bieten Arbeitgeber auf ihren Internetseiten die Möglichkeit an, vakante Stellen per Mausklick abzufragen. Zusätzlich inserieren viele Firmen in elektronischen Jobbörsen.

**Je mehr Sie das Internet für sich nutzen, desto einfacher wird sich die Stellensuche gestalten.**

# Bewerbungsunterlagen – maßgeschneidert

Eine Bewerbung zu schreiben und zu gestalten kostet viel Zeit. Wenn sie erfolgreich sein soll, können Sie das nicht eben nebenher erledigen. Rechnen Sie mit 20 bis 40 Stunden für Ihre erste Version überzeugender Unterlagen. Für weitere Bewerbungen können Sie entsprechend weniger Zeit einplanen. Bevor Sie loslegen, sollten Sie überlegen, welche Botschaften Sie in Ihrer Bewerbung herausstellen wollen und wo Ihre besonderen Qualitäten liegen: Es geht um Ihre Standortbestimmung und Fragen wie: Was kann ich? Was will ich? Und was ist (mir) möglich? Ausführliche Informationen für Ihre persönliche Standortbestimmung und weitere Informationen finden Sie auf der CD-ROM, die hinten in diesem Buch eingeklebt ist.

In komprimierter Form möchten wir Ihnen an dieser Stelle zeigen, wie eine schriftliche Bewerbung aufgebaut ist und wie Sie vorgehen.

Ihre vollständigen Unterlagen bestehen aus:

▸ Anschreiben
▸ Lebenslauf
▸ Foto
▸ Zeugnisse (Schul-, Ausbildungs-, Studien-, Arbeitszeugnis)
▸ Bescheinigungen und Zertifikate (z. B. Qualifikationen, Weiterbildungen)
▸ Arbeitsproben, Referenzen o. Ä.

## Der Lebenslauf

Der Lebenslauf stellt Ihren beruflichen Werdegang dar. Er ist das Kernstück Ihrer Bewerbung und zeigt die wichtigsten Informationen und Argumente, die für Sie sprechen und Ihnen zu einer Einladung zum Vorstellungsgespräch verhelfen. Machen Sie deutlich, dass Sie aufgrund Ihrer fachlichen Kompetenz, Ihrer Leistungsfähigkeit und Ihrer Persönlichkeit für den angebotenen Arbeitsplatz die ideale Besetzung sind.

Arbeitgeber erwarten den Lebenslauf in tabellarischer Form und per PC-Textverarbeitung geschrieben – sofern nicht ausdrücklich ein handschriftlicher Lebenslauf erwünscht ist. In der Regel umfasst er ein bis zwei Seiten, in Ausnahmefällen bis zu vier (je nach Berufserfahrung und Ausbildung).

Folgende Punkte gehören in den Lebenslauf:

▸ Persönliche Daten: Vor- und Zuname, Geburtsdatum und -ort, Familienstand (nicht zwingend, aber üblich), Staatsangehörigkeit (wenn Sie nicht deutscher Nationalität sind oder Ihr Name dies vermuten lässt), bei Auszubildenden evtl. Angaben zum Beruf des Vaters, der Mutter und Anzahl der Geschwister
▸ Schulbildung (besuchte Schulen, Schulabschluss)
▸ ggf. Hochschulstudium (Fächer, Hochschule, Abschlüsse, Thema der Abschlussarbeit)
▸ Berufsausbildung (Art der Berufsausbildung, Ausbildungsfirma bzw. -Institutionen mit Ortsangabe)
▸ Berufstätigkeit (Position, Art der Tätigkeit, Arbeitgeber mit Ortsangabe)
▸ berufliche Weiterbildung (alles, was mit Ihrer Berufspraxis in Zusammenhang steht)
▸ außerberufliche Weiterbildung (Fremdsprachen, EDV-Kurse werden positiv bewertet, Ihren Kochkurs in panasiatischer Küche sollten Sie besser nicht erwähnen)
▸ Sonderinformationen (z. B. Auslandsaufenthalte)
▸ Besondere Kenntnisse (z. B. Fremdsprachen, EDV etc.)
▸ Hobbys und Interessen (ehrenamtliches, soziales Engagement, Sport etc.)
▸ Ort, Datum, Unterschrift

### Gliederung

Sie können Ihren Lebenslauf unterschiedlich gliedern. Die übliche Form ist die chronologische Variante, d. h., Sie schreiben die Eckdaten der Zeitenfolge nach auf. Dabei ist es für den Leser übersichtlicher, wenn Sie mit der heutigen Position beginnen und auf der Zeitachse zurückgehen (umgekehrt chronologischer Aufbau).

Eine zweite Variante, der funktionale Lebenslauf, arbeitet mit Oberbegriffen. Sie gliedern Ihre Karriere nach Themenschwerpunkten, zum Beispiel: Schulbildung, Studium/Ausbildung, Berufstätigkeit, Auslandsaufenthalte, besondere Kenntnisse usw. Diese Form bietet sich besonders an, wenn Sie keinen stringenten Lebenslauf vorweisen können. So können Sie Lücken im Lebenslauf geschickt kaschieren. (S. S. 58 f.)

### Ihr Foto

Die Wirkungskraft von Fotos ist größer als die jedes noch so guten Textes. Das gilt auch für Ihre Bewerbung. Ein Personalentscheider wird sich beim Betrachten Ihres Fotos in Sekundenschnelle ein Urteil bilden: Sympathisch oder unsympathisch? Mürrisch oder freundlich? Offen oder verschlossen? Unsere Empfehlung: Investieren Sie in einen professionellen Fotografen, lassen Sie eine Serie aussagekräftiger Fotos von sich machen und wählen Sie dann die besten aus.

### Deckblatt und Dritte Seite

Ein Deckblatt, welches Ihren Unterlagen vorangestellt ist, wirkt strukturierend und kann Ihre Bewerbung aufwerten. Die Gestaltungsmöglichkeiten sind dabei vielfältig. Sie haben verschiedene Varianten in den Beispielbewerbungen in diesem Buch gesehen. So können Sie hier Ihr Foto oder Ihre ersten Daten (Name, Beruf, Adresse) präsentieren.

Die Dritte Seite – das besondere Etwas: Mit einer Dritten Seite, die hinter dem Anschreiben und dem Lebenslauf platziert ist, heben Sie sich von der Masse der Bewerber ab. Hier transportieren Sie in wenigen Sätzen die entscheidenden Argumente, warum Sie als Bewerber in die engere Auswahl gehören. An dieser Stelle können Sie persönlicher formulieren, in dem Tenor »Was Sie sonst noch von mir wissen sollten …« oder schlicht »Meine Motivation«.

Besonders empfiehlt sich eine Dritte Seite für alle, die auf Wunsch des potenziellen Arbeitgebers eine Handschriftenprobe abgeben sollen. So können Sie elegant zwei Fliegen mit einer Klappe schlagen und Ihre Fähigkeiten und Ihre Persönlichkeit überzeugend (handschriftlich) darstellen.

Deckblatt, Dritte Seite und Anlageverzeichnis sind aber kein Muss! Insbesondere eine Dritte Seite kann, wenn sie nicht gut formuliert ist, mehr schaden als nützen!

### Das Anschreiben – Ihr persönlicher Empfehlungsbrief

»Hiermit bewerbe ich mich …« Fast jede zweite Bewerbung beginnt mit diesem langweiligen Satz nach der Anrede. Texten Sie kreativer und heben Sie sich wohltuend von der Konkurrenz ab. Nur so erregen Sie die Aufmerksamkeit des Personalers. Vergessen Sie dabei nicht: In der Kürze liegt die Würze. Der Personalentscheider hat keine Zeit, Romane zu lesen. Beschränken Sie sich auf sechs bis acht, maximal zehn Sätze.

### Gliederung

**Empfänger:** Sprechen Sie den Empfänger des Anschreibens möglichst persönlich mit Namen an, nicht mit »Sehr geehrte Damen und Herren«. Fragen Sie ggf. telefonisch nach, wer der richtige Ansprechpartner ist.

**Einleitung:** Hier stellen Sie dar, warum Sie an der Position interessiert sind. Bauen Sie dafür einen direkten Bezug zum Unternehmen und zur Position auf. Einige Formulierungsbeispiele (weitere finden Sie auf der CD-ROM):

- ▸ »Sie sind ein Unternehmen, das …, und ich habe … zu bieten.«
- ▸ »Durch das Internetangebot … bin ich auf Ihre Anzeige für die Stelle als XYZ aufmerksam geworden.«
- ▸ »Für das freundliche und aufschlussreiche Telefonat möchte ich mich sehr herzlich bei Ihnen bedanken. Es hat mich darin bestärkt, mich für die ausgeschriebene Stelle als … zu bewerben.«
- ▸ »Beim Recherchieren auf Ihrer Homepage bin ich auf Ihre Personalsuche aufmerksam geworden und interessiere mich für eine Mitarbeit als … bei Ihnen.«

**Hauptteil/Personenbeschreibung:** Nach der Eröffnung geht es darum, knapp und überzeugend zu argumentieren, dass Sie der bzw. die Richtige für die zu besetzende Stelle sind. Auf welche Kenntnisse, Fähigkeiten oder Eigenschaften, die z. B. im Anzeigentext gefordert werden, können Sie verweisen? Was ist Ihr beruflicher Hintergrund? Und wie können Sie Ihre Motivation glaubwürdig zum Ausdruck bringen? Finden Sie eine plausible Antwort auf die Fragen: Warum wollen Sie gerade in besagtem Unternehmen arbeiten? Und warum sollte der Personaler gerade Sie einstellen?

Einstiegsmöglichkeiten zu Ihrer Personenbeschreibung:

- »Kurz zu meiner Person ...«
- »Als gerade eben fertig ausgebildete Reiseverkehrskauffrau (Abschlussnote 2,3) möchte ich mit viel Engagement und Elan zum Erfolg Ihrer Firma beitragen ...«
- »In den letzten Jahren konnte ich als ... vor allem in den Bereichen ... meine Fähigkeiten ... unter Beweis stellen.«

**Abschluss:** Nach Ihrer Selbstdarstellung folgt der Schlusssatz, ggf. in Kombination mit Ihrer Gehaltsvorstellung und/oder dem Verweis auf ein mögliches Vorstellungsgespräch. Etwa kurz und bündig in dieser Form:

- »Da ich bereits über umfangreiche Erfahrungen in der von Ihnen ausgeschriebenen Position verfüge, möchte ich gern zwischen 42.000 und 48.000 Euro verdienen.«
- »Über die Einladung zu einem persönlichen Gespräch freue ich mich.«
- »Für alle weiteren Fragen stehe ich Ihnen gerne in einem persönlichen Gespräch zur Verfügung.«

Wird in der Stellenanzeige Ihr Gehaltswunsch verlangt, sollten Sie diesen auch benennen. Sonst könnte Ihre Bewerbung aussortiert werden. Geben Sie immer Ihr Jahreswunschgehalt (brutto) an, und zwar als Spanne wie z. B. »30.000 bis 36.000 Euro«. Und: Vergessen Sie nicht die Unterschrift unter dem Anschreiben!

## Zeugnisse und Anlagen

Für eine Bewerbung nach deutschen Standards benötigen Sie:

- Schulabschlusszeugnis
- ggf. Ausbildungsabschlusszeugnis
- ggf. Hochschulzeugnis (Bachelor, Master, Diplom usw.)
- ggf. aussagekräftige Praktikumsnachweise
- ggf. Arbeitszeugnisse
- besondere Zertifikate über Fort- und Weiterbildungen
- Referenzen, falls Sie jemanden kennen, der Sie und Ihre Leistungen so wertschätzt, dass er Ihnen ein Empfehlungsschreiben anbietet.

Generell gilt: Achten Sie darauf, dass Sie Ihre Bewerbung nicht mit Anlagen überfrachten, wählen Sie nur die wichtigsten aus, die zu Ihrer Bewerbung passen!

## Formale Bewerbungsstandards

- Papierfarbe: grundsätzlich besser nur weiß – für Anschreiben und Lebenslauf. Bei der Dritten Seite, Deckblatt, Inhaltsverzeichnis, Anlagenverzeichnis können Sie auch dezent getöntes Papier verwenden (z. B. grau, beige).
- Papierformat: DIN-A4; unliniert.
- Papierstärke: für Anschreiben, Lebenslauf, Dritte Seite, Deckblatt, Inhaltsverzeichnis, Anlagenverzeichnis mindestens 80 g/m², besser 100 g/m². Für Fotokopien mindestens 70 g/m², besser 80 g/m².
- Papierqualität: weder Flecken noch Eselsohren oder zerknittertes Papier!
- Schriftbild: einseitig beschrieben, mit Textverarbeitung am PC erstellt.
- Ausdruck: mit gutem (Laser- bzw. Tintenstrahl-) Drucker; nicht radieren, durchstreichen oder mit Tipp-Ex korrigieren. Korrigierte Seiten immer neu ausdrucken!
- Format: besser Flattersatz als Blocksatz, da er lebendiger wirkt.
- Unterschrift: mit Füllfederhalter oder Tintenschreiber – am besten in Königsblau (Lebenslauf und Anschreiben).

▸ Rechtschreibung, Grammatik und Zeichensetzung müssen korrekt sein.

▸ Gliederung: übersichtlich, klar, mit angemessenen Rändern (ca. 4 cm links, ca. 3 cm rechts).

▸ Das Anschreiben liegt lose obenauf, die restlichen Unterlagen kommen in eine adäquate Bewerbungsmappe.

▸ Als Original nur Anschreiben, Lebenslauf und ggf. eine Handschriftenprobe schicken.

### Zeugnisse

▸ Nur gute, neue Fotokopien (keine Originale!) verwenden, die nicht bereits für andere Bewerbungen benutzt wurden.

▸ Zeugnisse werden i. d. R. nicht beglaubigt – es sei denn, Ihr potenzieller Arbeitgeber bittet Sie ausdrücklich darum.

▸ Sortierung: nach Aktualität und Aussagekraft.

▸ Als Berufseinsteiger hat Ihr Schul- oder Hochschulzeugnis oberste Priorität. Deshalb direkt nach dem Lebenslauf, der Dritten Seite oder dem Anlagenverzeichnis (falls Sie mehrere Anlagen haben) abheften. Alle anderen Zeugnisse sortieren Sie chronologisch dahinter.

▸ Als Jobwechsler ist das Zeugnis Ihres aktuellen oder letzten Unternehmens das wichtigste.

▸ Legen Sie der Bewerbung nur Anlagen (z. B. Sprachzertifikate, Weiterbildungsnachweise, Praktikumszeugnisse etc.) bei, die einen Bezug zu dem Job haben, auf den Sie sich beworben haben.

**Wichtig:** Lassen Sie Freunde oder Bekannte Ihre Bewerbung Korrektur lesen!

## Onlineformular und E-Mail-Bewerbung

Bei der Info-, Stellensuche und Kontaktaufnahme bietet das Internet vielfältige Möglichkeiten. Sie finden dort weitere Details über Unternehmen, bei denen Sie sich bewerben wollen, die Sie für die Erstellung Ihrer Bewerbungsunterlagen und für die Vorbereitung auf das Vorstellungsgespräch benötigen.

### Das Onlineformular

Viele Unternehmen bieten auf ihren Internetseiten die Möglichkeit, sich auf firmeneigenen Formularen »online« zu bewerben. Neben Rubriken, in denen die Lebensdaten abgefragt werden, gibt es meist auch Textfelder, die Platz für eigene Formulierungen einräumen.

Häufig werden in diesen Bewerbungsformularen Fragen wie »Warum bewerben Sie sich bei uns?« oder »Warum diese Ausbildung?« gestellt. Hier sind Kreativität und Formulierungsgeschick gefragt. Bevor Sie solche Textfelder ausfüllen, überlegen Sie sich gut, was Sie schreiben. Am besten formulieren Sie zunächst einen Text in einer separaten Datei, den Sie anschließend in die Felder des Formulars kopieren. Wichtig: Bleiben Sie stets kurz und prägnant. Wer zu viel schreibt, fällt unangenehm auf!

### E-Mail-Bewerbung

Immer wieder klagen Personalabteilungen über die Flut unzulänglicher Bewerbungen auf dem elektronischen Postweg. Grund ist vor allem, dass Bewerber ihre E-Mails wahllos an verschiedene Empfänger versenden, sich nicht auf spezielle Inserate berufen und jegliche Formalität außer Acht lassen. Erfolgreich ist Ihre E-Mail-Bewerbung nur dann, wenn Sie einige Grundregeln beherzigen.

▸ Verlangt das Stellenangebot nicht ausdrücklich die vollständigen Unterlagen, sind E-Mail-Bewerbungen Kurzbewerbungen. Ein ansprechendes Anschreiben und ein gut getexteter Lebenslauf reichen als Erstkontakt aus. Konzentrieren Sie sich auf das Wesentliche und bieten Sie an, die entsprechenden Unterlagen nachzureichen.

▸ Sprechen Sie den Verantwortlichen namentlich direkt an. Wenn Sie Ihren Ansprechpartner nicht kennen, recherchieren Sie diesen telefonisch.

▸ Formulieren Sie stets individuell für eine bestimmte Firma. Serienmails sind als Bewerbung ungeeignet.

▸ Beziehen Sie sich auf das entsprechende Stellenangebot.

▸ Wenn es sich um eine Initiativbewerbung handelt, beachten Sie unsere Hinweise auf Seite 115.

▸ Auch online gelten die üblichen Höflichkeitsformen.

▸ Achten Sie, wie auch in den klassischen Bewerbungsunterlagen, auf Grammatik und Rechtschreibung.

▸ Das Anschreiben wird in der E-Mail-Maske selbst formuliert (nicht im Dateianhang).

- Klassische Formatierungen (schwarz auf weiß, einzeilig) nutzen. Arbeiten Sie nicht mit Elementen wie grellen Farben, Fett- oder Kursivschrift oder bunten Hintergründen. Hintergrund: Oft ist das E-Mail-Programm des Empfängers so konfiguriert, dass es Ihre Nachrichten nicht in dem Format lesen kann, in dem Sie es gesendet haben. Empfehlung: Verwenden Sie nur die einfachsten Standards und keine Spielereien.

- Datei-Format:

  1. Mit Word erzeugte »doc«-Dateien sind den meisten PC-Benutzern vertraut, haben aber zwei Nachteile. Zum einen bleibt Layout und Formatierung bei der Datenübertragung häufig nicht erhalten. Zum anderen sind diese Dateien anfällig für Makroviren.

  2. Garantiert virenfrei sind »rtf«-Dateien, die auch Formatierungen beibehalten. Wählen Sie dazu in Ihrer Textverarbeitung, z. B. in Word, unter »Speichern unter« statt des Dateityps »doc« die Option »rtf«.

  3. Wenn Ihr Ansprechpartner um Foto, Zeugnisse und andere Anlagen bittet, bieten sich PDF-Dateien an (PDF = Portable Document Format – ein Dateiformat, das alle Schriften, Formatierungen, Farben und Grafiken Ihres Dokumentes erhält und nicht veränderbar ist). Mit diesen können Sie die gescannten Dokumente qualitativ einwandfrei versenden. Im Geschäftsleben gehören diese Dateien zum Standard.

**Wichtig:** Testen Sie, wie Ihre E-Mail ankommt. Richten Sie sich eine zweite E-Mail-Adresse ein und schicken vorab eine Testbewerbung an sich selbst. Verwenden Sie für Ihre E-Mail-Bewerbungen eine seriöse E-Mail-Adresse. *blondangel@hotmail.com* verrät zwar Ihre Haarfarbe, wirkt aber auf den Personalentscheider unseriös.

# Mit uns macht Ihr Können Karriere.

Auf unserer Homepage unter

**www.berufsstrategie.de**

finden Sie viele Texte, praktische Tipps und Informationen rund um die Themen Beruf und Karriere.

Außerdem können Sie sich dort über unsere individuellen Beratungs- und Seminarangebote informieren, sich für unseren Newsletter anmelden oder sämtliche Bücher von Hesse/Schrader und der berufsstrategie-Reihe des Eichborn Verlages bestellen.

Gerne beantworten wir Ihnen Ihre Fragen. Schreiben Sie uns per Post oder E-Mail oder rufen Sie uns an:

**info@berufsstrategie.de**

Büro für Berufsstrategie GmbH
Hesse/Schrader
Oranienburger Straße 4-5
10178 Berlin

Telefon    030 / 28 88 57 0
Telefon    01805 288 200*
Telefax    030 / 28 88 57 36

* 0,14 €/min aus dem Festnetz der Deutschen Telekom

Unsere Experten beraten Sie in
- **Berlin**
- **Frankfurt am Main**
- **Hamburg**
- **Köln**
- **München**
- **Stuttgart**

Das Büro für Berufsstrategie Hesse/Schrader entwikkelt mit Ihnen erfolgreiche Strategien für Ihre beruflichen Orientierungs- und Veränderungsphasen und berät Sie kompetent in allen Karriere- und Bewerbungsprozessen.

Unsere praxiserprobten und innovativen Seminare stärken und entwickeln Ihre persönlichen und sozialen Kompetenzen. Wir bieten Ihnen folgende Dienstleistungen an:

| **Beratung & Trainings** | **Seminare** |
| --- | --- |
| ■ Bewerbungsunterlagen | ■ Rhetorik |
| ■ Karriereplanung | ■ Präsentation |
| ■ Bewerbungsstrategien | ■ Zeitmanagement |
| ■ Coaching | ■ Verhandlungsführung |
| ■ Berufsorientierung | ■ Telefontraining |
| ■ Arbeitszeugnisse | ■ Mitarbeitergespräche |
| ■ Potenzialanalysen | ■ Konfliktmanagement |
| ■ Vorstellungsgespräche | ■ Moderieren |
| ■ Outplacement | ■ Networking |
| ■ Assessment Center | ■ Selbstbewusstsein |
| ■ Einstellungstests | ■ Akquirieren |
| ■ Arbeitszeugnis-Check | ■ Führungskräftetraining |
| ■ Bewerbungs-Check | ■ Small Talk und weitere Themen |

## Karriere-Gutschein

Mit diesem Coupon erhalten Sie einen Rabatt von 10% auf

- ■ Beratungen und Coachings
- ■ Karriereseminare und Bewerbungstrainings
- ■ Checks von Zeugnissen und Bewerbungsunterlagen

Pro Person kann nur ein Original-Gutschein geltend gemacht werden.
Bitte bei der Anmeldung zu einem Beratungstermin, Seminar oder Check einsenden. Termine und Informationen unter www.berufsstrategie.de.

## Büro für Berufsstrategie
■■■■■■ Hesse/Schrader
**Die Karrieremacher.**